国家自然科学基金(61774069、11174202、61234005)资助
江苏省自然科学基金(BK20151284)资助

U0210346

硅基纳微米复合结构阵列高效
太阳电池器件及物理

黄增光　宋晓敏
史林兴　沈文忠　　著

中国矿业大学出版社

内 容 提 要

本书全面介绍了基于湿法刻蚀方法的硅基纳微米复合结构阵列及其在大面积高效太阳电池器件上的应用及器件物理,主要内容包括:硅基太阳电池器件物理及高效电池研究进展,硅基纳微米复合结构湿法制备工艺、机理、表征手段以及模拟,原子层沉积氧化铝钝化的硅基纳微米复合结构光电特性及高效太阳电池模拟,硅基纳微米复合结构背钝化太阳电池器件制备及光谱响应,硅基纳微米复合结构在多晶硅太阳电池上的应用,纳米结构在太阳电池应用上的综合光电优化。

本书可供从事太阳电池光电性能研究与器件制备、光伏产业、新能源等领域的科研人员、高等院校师生和相关技术人员参考。

图书在版编目(C I P)数据

硅基纳微米复合结构阵列高效太阳电池器件及物理/
黄增光等著. — 徐州 :中国矿业大学出版社,2018.12
　　ISBN 978 - 7 - 5646 - 4280 - 8

Ⅰ.①硅⋯ Ⅱ.①黄⋯ Ⅲ.①硅太阳能电池—研究
Ⅳ.①TM914.4

中国版本图书馆 CIP 数据核字(2018)第 298876 号

书　　名	硅基纳微米复合结构阵列高效太阳电池器件及物理
著　　者	黄增光　宋晓敏　史林兴　沈文忠
责任编辑	马晓彦
出版发行	中国矿业大学出版社有限责任公司
	(江苏省徐州市解放南路　邮编 221008)
营销热线	(0516)83884103　83885105
出版服务	(0516)83995789　83884920
网　　址	http://www.cumtp.com　E-mail:cumtpvip@cumtp.com
印　　刷	江苏凤凰数码印务有限公司
开　　本	787×1092　1/16　印张8　字数 153 千字
版次印次	2018 年 12 月第 1 版　2018 年 12 月第 1 次印刷
定　　价	30.00元

(图书出现印装质量问题,本社负责调换)

前　言

现今,随着传统化石能源资源的日益枯竭和这些能源使用过程中带来的环境保护问题的显现,关于太阳能如何合理、有效地利用,成为摆在全人类面前的一项重要课题。太阳能光伏转换因其输出端的能量形式是电能,灵活性高,具有广阔的发展空间。为此,全世界众多国家和地区都把太阳能光伏产业上升到国家能源战略层面,制定了相应的短、中和长期光伏发展目标,以促进和激励其太阳能光伏产业。

二十年来,我国光伏产业飞速发展,特别是近十年,出现了井喷式增长,我国光伏产业发展格局已经呈现。在未来相当长的一段时间内,太阳能光伏产业更将是我国可再生能源发展战略的重要组成部分,而研制低成本、高效率的太阳电池,则是整个光伏产业产业链的重中之重。

作者于 2012 年开始研究硅基纳微米复合结构阵列在太阳电池上的应用,利用硅基纳微米复合结构阵列优异的陷光性能和比纳米结构更好的电学特性,以期在降低成本的同时获得更高的转换效率。经过系统、深入、全面的研究,湿法金属辅助的化学刻蚀(MACE)方法在降低成本和产线兼容方面显示出更大的优势。将 MACE 方法制备的硅纳微米复合结构阵列应用到太阳电池上的研究结果表明:原子层沉积氧铝钝化的硅基纳微米复合结构阵列能够同时实现最好的光学和电学效果,突破了纳米结构难以实现光电平衡这一瓶颈,模拟结果显示这种 n 型简单结构电池转换效率可以达到 21.04%;制备了面积为156 mm×156 mm 标准尺寸单晶硅基纳微米复合结构阵列背钝化太阳电池,测试认证效率达到 20.0%;在大面积的 156 mm×156 mm 多晶硅片上,制备出了最高效率为 17.63% 的硅纳微米结构阵列太阳电池,这个效率超越了常规多晶太阳电池的 17.45%;全面分析了引入纳米结构后,器件的载流子复合损失通道,并采用各种手段对纳米绒面太阳电池进行综合光电管理及优化,最终实现太阳电池效率的提高。

本书的研究工作及出版得到国家自然科学基金面上项目"优异宽光谱响应的硅纳米倒金字塔阵列背钝化太阳电池研究"(项目编号:61774069)、江苏省"333工程"第三层次培养对象、江苏省高校"青蓝工程"优秀青年骨干教师等项目支持。

感谢上海交通大学材料学院孔向阳教授悉心指导与无私的设备支持,感谢课题组钟思华、林星星、华夏等博士在器件制备和测试方面所做的大量出色的工作,感谢无锡嘉瑞光伏有限公司在太阳电池器件制备过程中的鼎力支持,感谢朱旭东、罗文星、刘锋等工程师在器件技术上给予的无私帮助,感谢蔡立、周朕、孙庆强等同事的大力支持。对本书所引用资料和文献的作者表示诚挚的感谢。

由于作者水平有限,书中难免存在不足之处,敬请同行专家和各位读者批评指正。电子邮箱:zghuang@hhit.edu.cn。

著　者

2018 年 8 月

目　　录

1 绪 论

1.1 引言

太阳能是一种取之不尽、用之不竭的自然资源,人类关于太阳能的利用自公元前就有记录。现今,随着传统化石能源资源的日益枯竭和这些能源使用过程中带来的环境保护问题的显现,关于太阳能如何合理、有效地利用,成为摆在全人类面前的一项重要课题。太阳能的利用形式主要包括太阳能光热利用、太阳能光化学转换利用和太阳能光伏利用等,在这些利用形式中,太阳能光伏转换因其输出端的能量形式是电能,灵活性高,具有广阔的发展空间。为此,全世界众多国家和地区都把太阳能光伏产业上升到国家能源战略层面,制定了相应的短、中和长期光伏发展目标,以促进和激励本国的太阳能光伏产业。美国 2012 年《未来可再生能源发电研究》中发布,到 2050 年,美国光伏装机总量预计达到 300 GW,占总电力装机的 27%;而欧盟的光伏发展长期目标是,到 2050 年光伏装机占总装机量的 49.2%,发电量达到 962 GW。

与世界平均水平相比,我国的能源资源形势更加严峻。据 2015 年《BP 世界能源统计年鉴》报告,我国的三大传统能源——煤炭、石油和天然气的储采比分别为 30 年、11.9 年和 25.7 年,如图 1-1 所示。这就意味着,再过 30 年,我国将无煤可挖、无油可采、无气可送。面对这一严峻形势,我国很早就制定了一系列可再生能源发展战略和相应政策来应对,光伏产业的发展更是其中的重要内容。

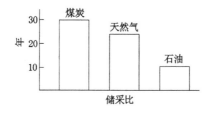

图 1-1　截至 2014 年底中国传统能源的储采比(BP 世界统计年鉴)

近十几年来,我国光伏产业飞速发展,特别是近几年,更是呈现了井喷式增长:根据国家能源局统计,到 2014 年底,我国光伏装机总量达到 28.05 GW,增长速度达到 60%,其中在 2014 年一年内新增光伏装机 10.6 GW,这一数字占全球的新增装机量的 20%,是我国电池组件产量的 1/3。可以看出,我国光伏产业发展格局已经呈现,在未来相当长的一段时间内,太阳能光伏产业更将是我国可再生能源发展战略的重要组成部分,图 1-2 是我国制定的关于光伏市场发展的路线图。到 2030 年我国累计光伏装机总量的基本目标是 4 亿 kW(400 GW),积极目标是 8 亿 kW(800 GW);到 2050 年,基本目标达到 10 亿 kW(1 000 GW),而积极目标更是达到了 25 亿 kW(2 500 GW),光伏装机比例达到 39.18%。要想实现这一宏伟目标,就需要国家政策的持续跟进和太阳能光伏上、中和下游产业的协同努力。目前,我国光伏发电的标杆电价大约为 0.9~1.0 元/kW·h 与传统的脱硫燃煤电价 0.42 元/kW·h 相比仍有一定差距。因此,进一步降低成本,提高光伏产业的整体技术水平,突破现有技术瓶颈,研制低成本、高效率的太阳电池,是光伏产业所面临难题的重中之重。

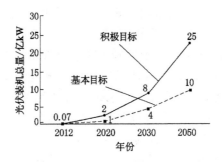

图 1-2　我国未来几十年光伏市场发展路线图

1.2　晶硅太阳电池

太阳电池是一种能够将太阳光能量直接转化为电能的物理器件,它主要包含半导体太阳电池(又叫 p-n 结太阳电池)、有机太阳电池和染料敏化太阳电池。太阳电池位于光伏产业链的中游,是整个产业链的核心,它的质量决定着整个产业的水平。目前,市场应用主要是半导体太阳电池为主,后两者仍然停留在实验室研究阶段。在商业化的半导体太阳电池市场份额中,又以晶硅太阳电池为主,占到 80%左右,其中单晶硅太阳电池约占 20%,多晶硅太阳电池约占 60%。提高转换效率和降低生产成本是晶硅太阳电池的永恒目标,而且往往效率提高的同时也意味着成本的下降。因此,现阶段晶硅太阳电池研发主要集中在高效(大于20%)太阳电池方面,如异质结(HIT)电池、金属环绕贯穿(MWT)电池、背接触(IBC)以及背钝化(PERC)太阳电池。目前,背钝化太阳电池无论是在实验室研究还是产业化研发方面,都走在高效太阳电池的前列。

可以说,太阳电池从最初的原始设计到市场的大规模应用过程中,无论是从材料、结构还是电池工艺,都经历了翻天覆地的变化,电池的性能也在近几十年实现了跨越式增长。即便如此,太阳电池光电转换的核心机制和工作原理并没有发生改变,即:在光生伏特效应的基础上,实现最大程度的光学吸收和最低程度的电学输运损失,所有新型电池的材料选择、结构设计和工艺优化都是围绕这个核心进行的。以下我们将简要介绍晶硅太阳电池结构、工作原理、电池性能以及光谱响应特性等。在此基础上,进一步了解晶硅高效太阳电池围绕上述内容,在结构和工艺上做了哪些改进和优化。

1.2.1　晶硅太阳电池结构及工作原理

图1-3显示了典型的商业单晶硅太阳电池正面照片和截面结构示意图。很明显,太阳电池的结构大致可分为:正面电极、减反射膜、p-n结、基底、铝背场和背电极。从各个部件结构的光电功能进行细分:基底对太阳光起到主要吸收作用;p-n结的作用是将产生的光生载流子对分开;减反射膜的作用是在减少前表面反射的同时,也对前面的复合损失进行抑制;铝背场主要用来抑制背表面复合,同时也构成背反射器;正面和背面电极则是将产生的光生电流输出到外部负载,进行供电。

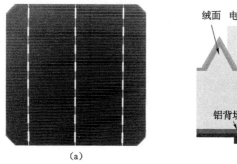
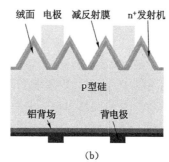

(a)　　　　　　　　　　(b)

图1-3　单晶硅太阳电池

(a)商业单晶硅太阳电池正面照片(156 mm×156 mm);(b)太阳电池结构截面示意图

p-n结太阳电池的工作原理是以光生伏特效应为基础的,通过前面太阳电池基本结构的介绍,我们大致可以了解其工作过程。下面将其工作原理做一简单梳理,如图1-4所示。太阳电池吸收光后会产生大量的光生载流子对,又叫电子-空穴对,这些电子-空穴对在体内扩散,当扩散到 p-n 结内建电场附近时,就会被电场分开,电子被电场"扫"到 n 区,空穴被电场"扫"到 p 区,这样在 n 区的 p-n 结附近聚集了大量电子,而在 p 区的 p-n 结附近则聚集了大量空穴,它们各自在 n 区和 p 区表面形成浓度梯度,通过扩散达到电池的正面和背面并形成稳定的电势差。通过正面电极和背面电极接入负载形成闭合回路后,就会形成电流输出到外部电路。太阳光源源不断地照射到太阳电池上,上述的过程就会持续下去,外部电路上的负载就会得到稳定的电力供给。因此,我们可以大致将太阳电池的工作原理分成几个过程:① 太阳光的吸收,或者说光生载流子的产生;② 光生载流子对的分离;③ 电子和空穴的输运与收集;④ 电流的输出。

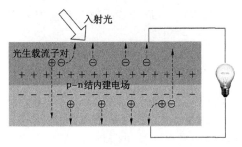

图 1-4　晶硅太阳电池工作原理示意图

1.2.2　太阳电池性能指标

太阳电池的性能指标是反映一块太阳电池性能好坏的重要依据,主要包括电池的开路电压 V_{oc}、短路电流 I_{sc}、填充因子 FF 和转换效率 η。这些性能指标的测试也是生产过程中的重要辅助手段,可以使我们清楚地了解所制备电池器件的性能,哪些参数是好的,哪些参数需要进一步优化,因此又可以反过来指导前期的材料选择、结构设计以及制备工艺。

下面以理想太阳电池为例,具体说明这些性能指标的物理意义。理想太阳电池以单二极管模型建立,其 $I\text{-}V$ 特性方程为:

$$I = I_{sc} - I_0 (e^{qV/k_B T} - 1) \tag{1-1}$$

I_{sc} 为太阳电池的光生电流,即短路电流,共包含三部分,即 n^+ 区空穴短路电流、p 区电子短路电流和势垒区产生电流。I_0 为太阳电池的反向饱和电流,是表示二极管特性的电流,由 n^+ 区和 p 区内的复合相关暗饱和电流组成。很明显,太阳电池的输出 $I\text{-}V$ 特性除了与反应材料基本性质的参数,如禁带宽度 E_g、掺杂浓度 N_A 和 N_D、扩散系数 D_n 和 D_p、扩散长度 L_n 和 L_p 等相关外,还与电池器件结构和工艺分不开,如耗尽区两侧宽度 x_n 和 x_p、前后表面复合速率 $S_{eff,front}$ 和

S_{BSF} 等。一个典型的多晶硅太阳电池的 *I-V* 曲线如图 1-5 所示。

短路电流 I_{sc} 就是电池正负极短路状态时的电流,即当输出电压 $V=0$ 时的电流,即对太阳电池来说,短路电流越大越好。根据 Green 的方法,可以将短路电流密度表达为 $J_{sc}=qG(L_n+W+L_p)$。太阳电池的短路电流主要与产生率 G（表面反射、光学吸收和载流子分离效率）、电子和空穴在材料中的扩散长度以及少数载流子（以下简称"少子"）的复合率等有关。因此,要保证电池的高短路电流,必须同时考虑光学和电学特性。

开路电压 V_{oc} 是电池正负极断路状态时的电压,即 $I=0$ 时的电压,由式(1-1)可知:

$$V_{oc}=\frac{k_B T}{q}\ln\left(1+\frac{I_{sc}}{I_0}\right) \tag{1-2}$$

上式只是表明开路电压同短路电流和反向饱和电流之间数学关系,事实上,太阳电池的开路电压同众多因素紧密关联:① 与材料本身有关,禁带宽度大的材料,开路电压上限就越大;② 与 p-n 结工艺有关,p 区和 n 区的掺杂浓度越大,开路电压则越高;③ 与载流子的复合相关,载流的复合（包括表面复合、体复合以俄歇复合）越小,开路电压则越高;④ 与电池的电极工艺相关,串联电阻越小,并联电路越大,则电池的开路电压越高。当然,以上这些因素并非是孤立的,在优化工艺时要同时考虑这些因素的影响,最终获得高的开路电压。另外,优化电池开路电压的同时,还要考虑到太阳电池的其他参数如短路电流、填充因子等,这样才能获得最优的太阳电池性能。

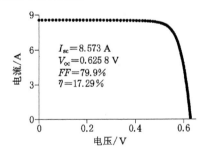

$I_{sc}=8.573\ A$
$V_{oc}=0.625\ 8\ V$
$FF=79.9\%$
$\eta=17.29\%$

图 1-5 多晶硅太阳电池 *I-V* 曲线

填充因子 $FF=P_m/(V_{oc}I_{sc})$,其中 P_m 为峰值功率,又称最大功率。填充因子的几何意义为峰值电流和峰值电压包围的矩形面积占短路电流和短路电压包围的矩形面积的百分比,填充因子数值越大,说明电池工艺质量越优。以晶硅太阳电池来说,电池的扩散、边缘刻蚀、PECVD 镀膜以及丝网印刷工艺等,均会对 FF 产生影响。目前,产线上的商业晶硅太阳电池的填充因子基本保持在 80%

左右,而一些新型高效太阳电池的填充因子却达不到此值,说明这些新型太阳电池的整体工艺需进一步优化。

转换效率 η,又叫能量转换效率,其定义是 $\eta = P_m / P_{in}$,即峰值功率 P_m 与入射功率 P_{in} 的比值,它反映了太阳电池将光能转化为电能的能力,是表征太阳电池质量最重要的参数。以上提及的所有参数和工艺,均会对太阳电池的转换效率产生影响。目前,商业单晶硅太阳电池的平均转换效率维持在 19.5% 左右,而多晶硅太阳电池的平均转换效率为 18.4% 左右。

综上,提高转换效率是一切太阳电池研发和制造的终极目标。从大的方面来说,要提高太阳电池的转换效率,第一是提高光学增益,具体可分为降低前表面反射,增加电池内背反射,增加电池的有效吸收;第二是减小电学损失,主要包括降低复合损失(前后表面的复合和发射极的俄歇复合)、提高载流子收集效率(减小串联电阻和增大并联电阻)。本书所进行的晶硅太阳电池的光电特性研究,基本是围绕以上两个大的方面展开,在本书的主题部分将会有详细阐述。

1.2.3 光谱响应

太阳电池的光谱响应主要通过电池的量子效率(QE)体现出来。量子效率的定义是:具有特定波长的一个光子,在外电路中产生的电子的数目。众所周知,太阳电池的表面会反射掉一部分光子,因此是否考虑这部分反射,就涉及太阳电池量子效率的细化,即外量子效率(EQE)和内量子效率(IQE),它们可以通过如下方程来表示:

$$EQE(\lambda) = \frac{外电路产生的电子数目}{总入射光子数目} \tag{1-3}$$

$$IQE(\lambda) = \frac{外电路产生的电子数目}{总入射光子数目 \times [1 - R(\lambda)]} \tag{1-4}$$

式中,$R(\lambda)$ 是某波长光的反射率。如果电池内量子效率已知,则可以计算总的光生电流,即:

$$I_{ph} = A \frac{q\lambda}{hc} \int S(\lambda)[1 - R(\lambda)]IQE(\lambda)\,d\lambda \tag{1-5}$$

式中,$S(\lambda)$ 是波长 λ 的光子通量,A 是太阳电池有效面积,q/hc 是电荷常数。可以看出,内量子效率是反映电池内部载流子分离和传输效率的电学参数,而外量子效率除了与内量子效率有关,还反映电池表面反射的光学特性。电池的外量子效率小于内量子效率,在电池测试时,先测出外量子效率 $EQE(\lambda)$,再通过反射率和公式 $IQE(\lambda) = EQE(\lambda)/[1 - R(\lambda)]$ 计算出内量子效率。一个典型的多晶硅太阳电池的量子效率,在 $300 \sim 1\,100$ nm 光谱范围内的测试曲线见图 1-6。

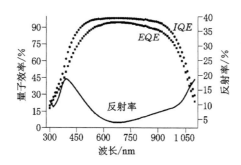

图 1-6 多晶硅太阳电池量子效率测试曲线

可以说,太阳电池的量子效率比前面介绍的太阳电池基本参数,更能从本质上揭示太阳电池在每个波段上的工作性能,也就是我们常说的光谱响应。太阳电池的量子效率大小反映了电池器件光谱响应的好坏。内量子效率显然反映的是太阳电池接收光以后,电池的在每个波段上的光伏转换能力;而外量子效率反映的是从太阳光入射开始直到电池发电的总过程中,也就是考虑了外表面的反射,太阳电池在每个波段上光伏转换能力。那么针对一个具体的量子效率曲线,我们该如何分析它呢? 或者说,我们能从量子效率的信息中,发现某个太阳电池的优点在哪里,哪些地方还需要改进。以图 1-6 为例,图 1-6 是常规多晶硅太阳电池生产线上随机取出的一片电池。首先,可以看到其内量子效率在 $550\sim900$ nm 波段波长范围内接近 99%,光谱响应性能非常好,而这个波段的光占据了硅吸收谱的大部分能量,其光吸收主要发生在太阳电池的体区,因此,这个好的光谱响应说明,此太阳电池的体区性能非常好(主要是体复合小)。其次,在 $300\sim$ 450 nm 短波段,其外量子效率低于 75%,最低的达到 17%,光谱响应比较差,我们知道,短波段的吸收主要发生在太阳电池的表面和发射极区,这说明此太阳电池的表面复合和发射极复合较大,需要在工艺上进一步优化,如进一步增加表面钝化效果、优化制绒金字塔形貌和减小发射极俄歇复合(增大方阻)等。最后,在长波段 $950\sim1\,100$ nm 范围内,光谱响应也是一般,此波段内的光吸收主要发生在太阳电池背表面,很大一部分长波光子能量被铝背场消耗,因此对铝背场工艺进行优化如优化烧结工艺、选择性能更好的铝浆和背电极的优化设计等,或者寻找铝背场更好的替代者如对背面进行热二氧化硅、PECVD 二氧化硅和 ALD 氧化铝等介质膜钝化,这些都是解决长波光谱响应差的途径。

1.3 高效晶硅太阳电池

随着光伏产业技术的发展,晶体硅太阳电池的制造成本越来越低,因此,要提高产品的综合竞争能力,必须往太阳电池的高效化道路上走。从归类上来说,高效晶体硅太阳电池发电原理上属于晶体硅太阳电池,但是由于它们的具体工艺同传统工艺千差万别,因此我们分别做简单介绍。高效晶硅太阳电池主要包括背钝化太阳电池(PERL 和 PERC 的统称)、异质结(HIT)太阳电池以及背接触(IBC)太阳电池。

1.3.1 背钝化 PERC 太阳电池

由图 1-7 背钝化 PERC(passivated emitter and rear cell)太阳电池结构侧面示意图来看,PERC 太阳电池的最大特点是电池背面并不是全铝背场,取而代之的是介质钝化膜,最初的 PERC 结构是 Green 小组提出的背面单层热氧化层。背面钝化层的作用有两个:一是减小背表面的复合,提高开路电压;二是形成良好的背反射器,对长波段光子形成有效的反射,增加长波光子吸收,从而提高短路电流。这两个效果叠加,形成了优异的长波光谱响应。另外,背面增加钝化膜后,电流输出则是通过激光开窗,局部的划线或打点,将钝化膜破开,再进行丝网印刷或者蒸镀电极,形成局域线或点接触。目前,PERC 太阳电池的转换效率纪录是 23%,由 Green 小组制备。

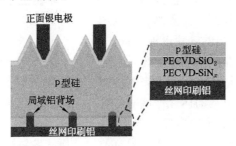

图 1-7　背面叠层(SiO_2/SiN_x)钝化的 PERC 太阳电池

PERC 太阳电池成功的关键在于电学上的优异背面钝化效果和光学上的高内背反射率,使得电池体现出良好的长波光谱响应,即长波段量子效率 QE 的改善,最终使得电池开路电压和短路电流都有所提高。此外,同其他高效太阳电池如 HIT 和 IBC 相比较,背钝化电池工艺相对简单,成本更低,且更容易同现有产线相结合,因此更具市场竞争力。研究表明,适用于背钝化电池的钝化介质有很多种,主要包括热氧化 SiO_2,等离子加强化学气相沉积(PECVD)的 SiN_x,原子层沉积(ALD)的 Al_2O_3,SiC_x、碳膜钝化以及由多层钝化膜组成的叠层钝化等。近年,ALD-Al_2O_3 以其优异钝化效果在高效太阳电池研究方面引起了巨大的研究兴趣,主要原因是 ALD-Al_2O_3 具有优异的表面化学钝化和强的场效应钝化效果,能更有效的降低背表面复合速率。

　　严格来说,PERC 在太阳电池的性能上,稍逊于 PERL(passivated emitter and rear local-diffused)电池,但由于其制作工艺简单,极易在现有的产线上通过升级改造实现,所以受到了产业界的青睐。从目前情况来看,产业界正在大力研发 PERC 电池,国内很多光伏企业已经处于中试阶段,常州天合、扬州晶澳等甚至已经开始小规模量产。预计 2018～2023 年内,PERC 太阳电池将会出现井喷式增长。目前,小规模产线上的 PERC 太阳电池平均效率已达到 20％～21％。

1.3.2　异质结 HIT 太阳电池

　　HIT(hetrojunction with intrinsic thin layer),直译是具有本征薄膜层的异质结太阳电池。通过图 1-8 可以清楚地看出,异质结太阳电池的结构最大特点是异质的 p-i-n 结串联组成,所谓异质,就是最上面的 p 层以及最下面的 n 层都是非晶硅(a-Si:H),而中间的 n 层是单晶硅,而非晶硅的带隙约 1.7 eV,无疑能够更有效地吸收短波光子,从而拓宽晶硅电池的吸收光谱。但是,引入非晶硅后,一个极大的问题是,非晶硅中的缺陷多,载流子复合速率大,如何解决。第一,尽可能减小非晶硅的厚度,实验室里已经将这个厚度做到几个纳米;第二,界面上的复合是不可避免的,这个结构中 i 层就扮演着抑制界面载流子复合的关键角色,可以说,i 本征层质量的好坏直接决定了整个太阳电池的性能,这也是目前制约 HIT 太阳电池在通往大规模商业化生产道路上的最主要障碍,就是 i 本征非晶硅层的沉积工艺很难控制。HIT 太阳电池的特点是:全部工艺都在较低的温度下进行,电池由两个异质结串联而成,可以双面受光;性能上,开路电压非常高,可达 750 mV,目前 n 型硅电池转换效率的世界纪录也来自于 HIT 太阳电池(日本三洋创造的 24.7％)。

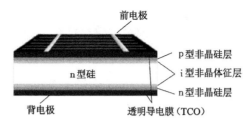

图 1-8　典型的异质结 HIT 太阳电池结构

1.3.3　背接触 IBC 太阳电池

　　IBC(interdigitated back contact),直译就是"交指式"背接触,简称背接触,

"交指式"是指电池的正负极就像人的左右手平行交叉。图 1-9 所示的是 IBC 太阳电池的基本结构,可以看到,这种电池的最大结构特点是:电池的正极和负极都在背面,使得电池的整个正面都可以有效接收阳光,可以大幅提升电池的短路电流和开路电压。目前,大面积 IBC 太阳电池的转换效率世界纪录由 SunPower 创造,为 24.2%,其中开压达到 721 mV,电流密度 40.46 mA/m²,填充因子达到 0.829。IBC 太阳电池的另一个优点是,正负极在同一平面上,便于组件的装配,降低组件成本。但是,也应该看到,由于正负极都在背面,而且间隔非常小,扩散工艺和丝网印刷对准工艺要求非常高,同时也要求背面具备极好的钝化效果,所有这些导致电池的工艺控制极为复杂和烦琐,产品的良率低,电池的制造成本自然而然也就会非常高。

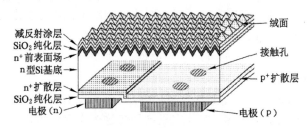

图 1-9 背接触(IBC)太阳电池

以上介绍的三种高效太阳电池都是以晶体硅为基底,控制太阳电池的复合损失或拓宽太阳电池的光谱响应范围,并对太阳电池的电极接触方式进行改进,最终达到太阳电池转换效率的提升。高效晶硅太阳电池大都以 n 型硅作为基底,原因是 n 型硅的缺陷少,体寿命比 p 型硅高得多,这具备了实现高开路电压的先天优势。反过来,要保证高效电池的高转换效率,电池的制备工艺就比常规太阳电池复杂得多,产品的良率就会下降,所以,必须在效率和成本之间寻找一个平衡点。最近几年,PERC 太阳电池虽然效率没有 HIT 和 IBC 高,但由于其工艺相对简单,更易产业化,因此走在了高效太阳电池产业化的前列。

1.4 硅纳米结构

硅纳米结构以其独特的几何、光学、电学和热学特性,特别是同硅基微电子学相容的特性,最近引起了巨大的研发热潮。由于其理想的陷光和几乎不依赖角度的减反特性,硅纳米结构在太阳能电池器件方面更是得到广泛关注和研究。此外,硅纳米结构还可以应用在场效应晶体管、光化学以及传感器等多个领域。本节首先简要介绍硅纳米结构的制备,接着着重阐述硅纳米结构的光电特性和它在光伏中的应用,最后引出本书的选题思路和内容。

1.4.1 硅纳米结构的制备

硅纳米结构是一种至少在一维方向上尺度小于 100 nm 的硅半导体结构。硅纳米结构的制备方法有很多,从生长机制上来看,可以分为两大类:自下而上(bottom-up)的生长方法和自上而下(top-down)的生长方法。

自下而上的生长方法主要包括化学气相沉积法(CVD-VLS)、氧辅助生长法(OAG)、溶液合成(solution synthesis)法等。用这些方法容易制备出直径 5 nm、长度 100 nm 到十几微米的硅纳米线。自下而上的生长方法制备的硅纳米结构一般都是本征或绝缘的,因此要实现导电,在生长过程中需要进行掺杂。VLS 生长过程中,一般采用金属催化剂,这些金属容易对硅纳米结构产生污染,其后果就是在硅的禁带中引入深能级电子态,降低硅纳米结构的少子寿命和扩散长度,显然这对于光伏器件来说是不利的。OAG 生长纳米线不会产生金属污染,但同自上而下的生长方法相比,生长速率较慢,效率不高。

自上而下的生长方法主要有反应离子刻蚀(RIE)和金属辅助化学刻蚀(MACE)等。用这些方法制备的纳米结构一般在几十到几百纳米范围内,很难达到 10 nm 以下。自上而下生长过程中,硅纳米结构会继承母硅的掺杂特性,不需要额外掺杂过程。两种方法生长速率都比较快,RIE 需要真空条件,并且会对硅表面产生一定损伤。

金属辅助化学刻蚀(MACE)作为一种自上而下的生长方法,以其步骤简单、常温刻蚀、成本低以及反应物可回收利用等优点,在硅纳米结构制备方面引起了学者们巨大的研究兴趣。特别是其制备工艺为湿法化学刻蚀,与现有的晶硅太阳电池工艺是完全兼容的,因此将这种基于 MACE 的硅纳米结构应用到太阳电池器件中,更能体现其制备方法的优越性。本书中所制备的硅纳米结构,均基于 MACE 方法制备,关于 MACE 方法的原理、分类、工艺步骤以及太阳电池器件应用,将在本书第 2 章中详细阐述。

1.4.2 硅纳米结构的光学和电学特性

光学特性方面,硅纳米结构对太阳光谱有很强的表面减反射效果和体吸收。首先,硅纳米结构阵列对太阳光谱的表面反射可以接近于零,而且这种减反射对角度的依赖性很小。我们采用 MACE 方法制备了硅纳米结构,并在纳米结构上沉积一层氧化铝薄膜,结果显示在 300~1 100 nm 范围内,太阳光谱的加权积分反射率为最低可以达到 1.38%,如图 1-10 所示。其次,少于 1% 的硅量就可以达到体硅太阳电池的光吸收,主要原因是:① 高密度硅纳米结构的超高表面积;

② 硅纳米结构阵列的亚波长光陷阱效应；③ 硅纳米结构中集体光散射的交互作用，陷光后使光的传播大大长于阵列的厚度。所以硅纳米结构太阳电池在没有减反射层的情况下也可以有较低的反射率。Sivakov 等测量了 MACE 方法制备纳米线的反射率小于 10%（$300\sim800$ nm）、吸收率大于 90%（500 nm），优于相同厚度的体硅吸收性能。吸收带的展宽是由纳米线阵列之间的共振增强引起，而吸收强度部分是由硅纳米线的高密度表面态引起。

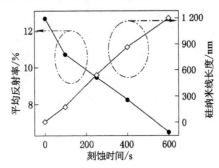

图 1-10　积分反射率和硅纳米结构高度同刻蚀时间之间的关系

电学特性方面，首先，硅纳米结构光伏器件有较短的电荷收集长度，这样可以对硅的纯度要求降低。特别是对于径向纳米结构 p-n 结太阳电池来说，因其载流子收集和分离方向是正交的，这种优势更为明显。Lieber 团队基于 VLS-CVD 方法制备了径向单根纳米线太阳电池（见图 1-11），能量转换效率达到 3.4%。其次，因为硅纳米结构具有较大的比表面积，其表面悬挂键和缺陷态密度很高，所以当把硅纳米结构应用于光伏器件时，器件电学性能会受到大的表面复合速率影响。这种影响若处理不当，将大大超过硅纳米结构带来的光学增益，使得器件整体性能反而下降。Toor 等的研究结果表明（图 1-12 所示），随着纳米结构高度的增加，太阳电池在短波和中波段的量子效率明显降低，进而导致电池的输出性能下降。因此，硅纳米结构引入光伏器件后，光学增益和电学损失之间的平衡、纳米结构的表面钝化，是迫切需要解决的重大问题。

图 1-11　径向 p-n 结太阳电池结构示意图

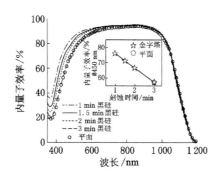

图 1-12 不同刻蚀时间(硅纳米结构高度)的硅纳米结构太阳电池内量子效率

1.4.3 硅纳米结构在光伏中的应用

硅纳米结构应用于光伏器件主要有两种途径:一是采用单根硅纳米线,基于微加工工艺,制备全纳米结构的太阳电池器件;二是采用硅纳米结构阵列,利用其阵列优异的表面减反射和强吸收特性,作为太阳电池的发射极,组成硅纳米结构和体硅结合的太阳电池器件。一种典型的全纳米结构的径向 p-n 结太阳电池器件如图 1-11 所示。全纳米结构太阳电池由于制作工艺复杂、成本高且转换效率低,目前仍处于实验室研究阶段。

下面介绍硅纳米结构同体硅结合的太阳电池。在传统晶体硅电池上制备合适的硅纳米线阵列就构成了最简单的硅纳米线阵列太阳电池。在该结构中,硅纳米线阵列是作为光学减反层而提高电池的效率。一种将硅纳米结构阵列制备在传统微米金字塔上的单晶硅基纳微米复合结构太阳电池结构如图 1-13所示。

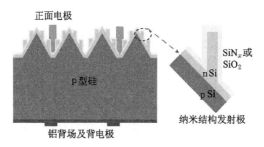

图 1-13 硅基纳微米复合结构阵列太阳电池

在该结构中,硅纳米线阵列作为光学减反射层,因其优异的陷光性能增加了电池的光吸收特别是短波段吸收,从而使得提高电池短路电流进而实现高的转换效率成为可能。由于硅纳米结构的尺度是纳米量级,在扩散过程中,整个纳米结构变成发射极,其掺杂浓度高于平面发射极,某种程度上来说,这对于控制发射极的俄歇复合损失是不利的。这种电池一个非常重要的优点是可以和传统晶硅电池工艺结合,无需对现有产线做大的改动,兼容性非常高,这对于基于MACE 的纳米结构阵列太阳电池的大规模、商业化应用是非常有利的。2008年,清华大学朱静研究组用干法金属粒子沉积湿法化学刻蚀,在单晶硅片(100)和(111)表面分别制备出了大面积垂直排列和倾斜排列的纳米线阵列,结果表明基于垂直和倾斜硅纳米线阵列的太阳电池最高转换效率分别为 9.31% 和11.37%。2009 年,基于采用 CVD-VLS 生长方法,法国 Grenoble 可再生能源实验室在 p 型衬底上生长了 n 型硅纳米线,并实现了效率为 1.9% 的硅纳米线阵列电池。同年,德国 Jena 光子技术研究所制备了效率为 4.4% 的轴向纳米线阵列电池,纳米线制备是通过无电极化学腐蚀法实现。

应该看到,将硅纳米结构阵列应用到太阳能光伏器件中,在光学性能得到提升的同时,器件的电学性能也不同程度地降低,甚至部分纳米结构电学性能的下降超过了光学增益,最终导致电池转换效率并不令人满意。电学性能之所以下降,从器件的复合机制层面分析,主要原因可归结如下:① 硅纳米结构的引入使得发射极前端表面积大大增加,以致引起了更大的表面复合,使得电池的开路电压降低。② 在相同扩散工艺的情况下,硅纳米结构发射极的方阻低于平面结构发射极方阻,即硅纳米结构具有更重的掺杂,导致硅纳米结构发射极的俄歇复合更为严重,饱和电流密度更高。③ 丝网印刷工艺条件下,与平面结构相比,硅纳米结构与银电极的接触区域会有空洞,造成电池漏电电流的增加,导致电性能变差。④ 纳米结构的引入还会使 p-n 结的均匀性变差,从而导致侧向电场产生,这个侧向电场会增大耗尽区载流子复合,这对电池的开路电压和短路电流都是不利的。

在近几年中,许多研究小组采用了各种纳米结构制备方法,在大面积硅片上制备了硅纳米结构太阳电池。2013 年,我们在标准 125 mm×125 mm 已经微米碱制绒单晶硅片上,用 MACE 方法制备了硅纳米线(图 1-14),然后采用 SiO_2/SiN_x 叠层钝化,抑制载流子的表面和俄歇复合,制备了最好电池效率为 17.11%(开路电压 0.620 V,短路电流 5.536 A,填充因子 77.20%)的硅纳米线太阳电池,其 I-V 曲线如图 1-15 所示。

为了获得更好的电池性能,我们必须对硅纳米结构太阳电池实施光电综合管理,即光学陷光增益和电学复合损失的平衡。2015 年,我们提出通过抑制纳米结构电池中载流子复合通道,包括强调表面形貌优化、纳米结构高度控制、发射区掺杂浓度调控和绝缘钝化层的应用等(见图 1-16)。具体来说,通过牺牲一

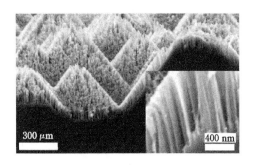

图 1-14 用 MACE 法在微米金字塔上制备的硅纳米线 SEM 图

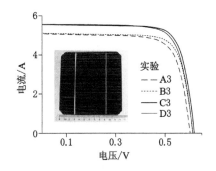

图 1-15 硅纳米线太阳电池 *I-V* 曲线和实物图片

说明：A～D 分别表示未钝化、SiO_2、SiO_2/SiN_x 叠层以及 SiN_x 钝化。

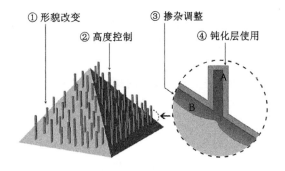

图 1-16 纳米结构电池中载流子复合通道的抑制

些陷光效果，进行表面形貌优化和纳米结构宽高比的增加，加上电学复合损失手段引入，包括对掺杂浓度进行控制（图 1-17）使方阻处于 90～200 Ω/□、引入热氧化 SiO_2、PECVD-SiN_x 和 ALD-Al_2O_3 等绝缘钝化层，实现大面积硅片上纳米结构电池的光电平衡问题,为硅纳米结构太阳电池实现高的转换效率提供了方向指南。

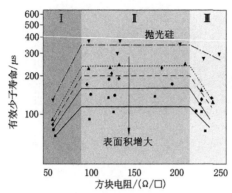

图 1-17　具有不同表面积纳米结构的少子寿命与发射极方阻之间的关系

1.5　选题思路

基于以上分析,要进一步提升硅纳米结构阵列太阳电池整体输出性能,进而提高转换效率,使之超过传统太阳电池,需从如下几方面作为突破口。

(1)硅纳米结构形貌优化,它主要包含两方面:一是引入多尺度的硅基纳微米复合结构,将纳米结构与微米结构结合,这样可以用较短的纳米结构实现等量的光学增益,从而降低载流子复合损失;二是硅纳米结构本身形貌主要包括高度、密度以及表面光滑程度等,这些特性是硅纳米结构发射极电学性能好坏的决定因素。从工艺参数方面进行优化,是实现形貌光滑、有序、可控的硅纳米结构制备的有效途径。

(2)硅纳米结构表面钝化,通过表面的化学钝化或场钝化,饱和表面悬挂键和缺陷态形成的复合中心,或者通过表面场的引入抑制少子向表面移动,达到表面复合损失的降低。具有良好钝化功能的薄膜主要有热氧化 SiO_2、PECVD-SiN_x 以及 ALD-Al_2O_3 等。

(3)发射极工艺的改进,相同的扩散工艺,硅纳米结构发射极比平面发射极更易产生低方阻和高掺杂浓度,因而具有更严重的载流子俄歇复合。因此,优化硅纳米结构扩散工艺,使其具有和平面发射极等量的方阻,可以从很大程度上抑制俄歇复合损失,得到更好的器件性能。

(4)电池器件整体性能优化,特别是在宽波段上的光谱响应优化。硅纳米结构的引入使短波段的光谱响应提高成为可能,基于前面分析可知,器件的长波光谱响应可以通过引入 PERC 结构实现提升。因此,通过利用不同结构在不同太阳谱波段上的光谱响应优势,将这些结构融合,实现电池器件整体性能优化提高,是未来高效太阳电池实现效率突破的绝佳途径。

参考文献

[1] 刘恩科,朱秉升,罗晋生.半导体物理学[M].7版.北京:电子工业出版社,2008.

[2] 马丁·格林.太阳电池工作原理、工艺和系统的应用[M].北京:电子工艺出版社,1987.

[3] 马克沃特,卡斯特纳.太阳电池:材料、制备工艺及检测[M].梁俊吾,等,译.北京:机械工业出版社,2009.

[4] 沈文忠.太阳能光伏技术与应用[M].上海:上海交通大学出版社,2013.

[5] 施敏,伍国珏.半导体器件物理[M].3版.西安:西安交通大学出版社,2008.

[6] 朱美芳,熊绍珍.太阳电池基础与应用[M].2版.北京:科学技术出版社,2014.

[7] BENICK J,HOEX B,VAN D S M C M,et al. High efficiency n-type Si solar cells on Al_2O_3-passivated boron emitters[J]. Applied Physics Letters,2008,92(25):253504-253506.

[8] BLAKERS A W,WANG A,MILNE A M,et al. 22.8% efficient silicon solar cell[J]. Applied Physics Letters,1989,55(13):1363-1365.

[9] BOETTCHER S W,SPURGEON J M,PUTNAM M C,et al. Cheminform abstract: energy-conversion properties of vapor-liquid-solid-grown silicon wire-array photocathodes [J]. Cheminform,2010,41(14):185-187.

[10] BOSCKE T,HELLRIEGEL R,WUTHERICH T,et al. Fully screen-printed PERC cells with laser-fired contacts-an industrial cell concept with 19.5% efficiency[C]//Photovoltaic Specialists Conference,2011.

[11] BRANZ H M,YOST V E,WARD S,et al. Nanostructured black silicon and the optical reflectance of graded-density surfaces[J]. Applied Physics Letters,2009,94(23):1850.

[12] BRANZ H M,TEPLIN C W,ROMERO M J,et al. Hot-wire chemical vapor deposition of epitaxial film crystal silicon for photovoltaics [J]. Thin Solid Films,2011,519(14):4545-4550.

[13] BUFFAT P H,BOREL J-P. Size effect on the melting temperature of gold particles[J]. Physical Review A:Atomic,Molecular and Optical Physics,1976,13(6):2287-2298.

[14] CHAPIN D M. A new silicon p-n junction photocell for converting solar radiation into electrical power[J]. Journal of Applied Physics,1954,25(5):676-677.

[15] COUSINS P J,SMITH D D,LUAN H C,et al. Generation 3:improved performance at lower cost[C]// Photovoltaic Specialists Conference. 2010.

[16] CUI Y,ZHONG Z,WANG D,et al. High performance silicon nanowire field effect transistors[J]. Nano Letters,2003,3(2):149-152.

[17] DULLWEBER T,GATZ S,HANNEBAUER H,et al. Towards 20% efficient large-area

screen-printed rear-passivated silicon solar cells[J]. Progress in Photovoltaics,2012,20 (6):630-638.

[18] FANG H,LI X,SONG S,et al. Fabrication of slantingly-aligned silicon nanowire arrays for solar cell applications[J]. Nanotechnology,2008,19(25):255703.

[19] GARNETT E C,YANG P. Silicon nanowire radial p-n junction solar cells[J]. Journal of the American Chemical Society,2008,130(29):9224-9225.

[20] GARNETT E,YANG P D. Light trapping in silicon nanowire solar cells[J]. Nano Letters,2010,10(3):1082.

[21] GRANSTRM M,PETRITSCH K,ARIAS A C,et al. Laminated fabrication of polymeric photovoltaic diodes[J]. Nature,1998,395(6699):257-260.

[22] GREEN M A,BLAKERS A W,ZHAO J H,et al. Characterisation of 23% efficiency silicon solar cells[J]. IEEE Transactions on Electron Devices,1990,37 (2) :331-336.

[23] HAN S E,CHEN G. Toward the Lambertian limit of light trapping in thin nanostructured silicon solar cells[J]. Nano Letters,2010,10(11):4692.

[24] HER T H,FINLAY R J,WU C,et al. Microstructuring of silicon with femtosecond laser pulses[J]. Applied Physics Letters,1998,73(12):1673-1675.

[25] HOEX B,SANDEN M C M V D,SCHMIDT J,et al. Surface passivation of phosphorus-diffused n^+-type emitters by plasma-assisted atomic-layer deposited Al_2O_3 [J]. Physica Status Solidi (RRL) - Rapid Research Letters,2012,6(1):4-6.

[26] HUANG Z,SONG X,ZHONG S,et al. 20.0% efficiency Si nano/microstructures based solar cells with excellent broadband spectral response[J]. Advanced Functional Materials,2016,26(12):1892-1898.

[27] HUANG Z G,LIN X X,ZENG Y,et al. One-step-MACE nano/microstructures for high-efficient large-size multicrystalline Si solar cells[J]. Solar Energy Materials and Solar Cells,2015,143:302-310.

[28] HUANG Z,ZHONG S,HUA X,et al. An effective way to simultaneous realization of excellent optical and electrical performance in large-scale Si nano/microstructures[J]. Progress in Photovoltaics Research and Applications,2015,23(8):964-972.

[29] KELZENBERG M D,BOETTCHER S W,PETYKIEWICZ J A,et al. Enhanced absorption and carrier collection in Si wire arrays for photovoltaic applications[J]. Nature Materials,2010,9(3):239-244.

[30] KOYNOV S,BRANDT M S,STUTZMANN M. Black nonreflecting silicon surfaces for solar cells[J]. Applied Physics Letters,2006,88(20):203107.

[31] LAI J H,UPADHYAYA A,RAMANATHAN R,et al. Large area 19.4% efficient rear passivated silicon solar cells with local Al BSF and screen-printed contacts[C]//Photovoltaic Specialists Conference,2011.

[32] LEE H,TACHIBANA T,IKENO N,et al. Interface engineering for the passivation of

c-Si with O_3-based atomic layer deposited AlO_x for solar cell application[J]. Applied Physics Letters,2012,100(14):143901-143904.

[33] LEE S T,ZHANG Y F,WANG N,et al. Semiconductor nanowires from oxides[J]. Journal of Materials Research,1999,14(12):4503-4507.

[34] LEE S T,WANG N,ZHANG Y F,et al. Oxide-assisted semiconductor nanowire growth [J]. Mrs Bulletin,1999,24(8):36-42.

[35] LIN X X,HUA X,HUANG Z G,et al. Realization of high performance silicon nanowire based solar cells with large size[J]. Nanotechnology,2013,24(23):235402.

[36] LIU B W,ZHONG S H,LIU J H,et al. Silicon nitride film by inline PECVD for black silicon solar cells [J]. International Journal of Photoenergy,2012,8:10178-10182.

[37] LIU S,NIU X,SHAN W,et al. Improvement of conversion efficiency of multicrystalline silicon solar cells by incorporating reactive ion etching texturing[J]. Solar Energy Materials and Solar Cells,2014,127:21-26.

[38] LIU Y P,LAI T,LI H L,et al. Nanostructure formation and passivation of large-area black silicon for solar cell applications[J]. Small,2012,8(9):1392-1397.

[39] LU X,HANRATH T,AND K P J,et al. Growth of single crystal silicon nanowires in supercritical solution from tethered gold particles on a silicon substrate[J]. Nano Letters, 2013,3(1):93-99.

[40] MARTÍN I,VETTER M,ORPELLA A,et al. Surface passivation of p-type crystalline Si by plasma enhanced chemical vapor deposited amorphous SiC_x:H films[J]. Applied Physics Letters,2001,79(14):2199-2201.

[41] MASUKO K,SHIGEMATSU M,HASHIGUCHI T,et al. Achievement of more than 25% conversion efficiency with crystalline silicon heterojunction solar cell[J]. IEEE Journal of Photovoltaics,2014,4(6):1433-1435.

[42] MU L,SHI W,CHANG J C,et al. Silicon nanowires-based fluorescence sensor for Cu (II) [J]. Nano Letters,2008,8(1):104-109.

[43] OH J,YUAN H C,BRANZ H M. An 18. 2%-efficient black-silicon solar cell achieved through control of carrier recombination in nanostructures[J]. Nature Nanotechnology, 2012,7(11):743-748.

[44] O'REGAN B,GRÄTZEL M. A low-cost,high-efficiency solar cell based on dye-sensitized colloidal TiO_2 films[J]. Nature,1991,335:737-740.

[45] PENG K,XU Y,WU Y,et al. Aligned single-crystalline Si nanowire arrays for photovoltaic applications[J]. Small,2010,1(11):1062-1067.

[46] PENG K Q,WANG X,LEE S T. Silicon nanowire array photoelectrochemical solar cells [J]. Applied Physics Letters,2008,92(16):163103-163105.

[47] PENG K Q,WANG X,WU X L,et al. Platinum nanoparticle decorated silicon nanowires for efficient solar energy conversion[J]. Nano Letters,2009,9(11):3704-3709.

[48] PUTNAM M C,BOETTCHER S W,KELZENBERG M D,et al. Si microwire-array so-
lar cells[J]. Energy and Environmental Science,2010,3(8):1037-1041.

[49] SAI H,FUJII H,ARAFUNE K,et al. Wide-angle antireflection effect of subwavelength
structures for solar cells [J]. Japanese Journal of Applied Physics, 2007, 46 (6):
3333-3336.

[50] SAINT-CAST P,BENICK J,KANIA D,et al. High-efficiency c-Si solar cells passivated
with ALD and PECVD aluminum oxide[J]. IEEE Electron Device Letters,2010,31(7):
695-697.

[51] SCHMIDT J,MERKLE A,BRENDEL R,et al. Surface passivation of high-efficiency sili-
con solar cells by atomic-layer-deposited Al_2O_3 [J]. Progress in Photovoltaics Research
and Applications,2010,16(6):461-466.

[52] SCHMIDT JAN,KERR MARK,CUEVAS ANDRÉS. Surface passivation of silicon solar
cells using plasma-enhanced chemical vapour-deposited SiN films and thin thermal SiO_2/
plasma SiN stacks[J]. Semiconductor Science and Technology,2001,16(3):164-170.

[53] SHU Q K,WEI J Q,WANG K L,et al. Hybrid heterojunction and photoelectrochemistry
solar cell based on silicon nanowires and double-walled carbon nanotubes[J]. Nano Let-
ters,2009,9(12):4338-4342.

[54] SIMON PERRAUD,SÉVERINE PONCET,SÉBASTIEN NOL,et al. Full process for
integrating silicon nanowire arrays into solar cells[J]. Solar Energy Materials and Solar
Cells,2009,93(9):1568-1571.

[55] SIVAKOV V,ANDRÄ G,GAWLIK A,et al. Silicon nanowire-based solar cells on glass:
synthesis, optical properties, and cell parameters [J]. Nano Letters, 2009, 9 (4):
1549-1554.

[56] SMITH D D,COUSINS P J,MASAD A,et al. SunPower's Maxeon Gen III solar cell:
high efficiency and energy yield[C]//Photovoltaic Specialists Conference,2014.

[57] STEPHENS R B,CODY G D. Optical reflectance and transmission of a textured surface
[J]. Thin Solid Films,1977,45(1):19-29.

[58] TAGUCHI M,YANO A,TOHODA S,et al. 24.7% record efficiency HIT solar cell on
thin silicon wafer[J]. IEEE Journal of Photovoltaics,2014,4(1):96-99.

[59] TANG C W. Two-layer organic photovoltaic cell[J]. Applied Physics Letters,1986,48
(2):183-185.

[60] TANG Y H,ZHANG Y F,WANG N,et al. Morphology of Si nanowires synthesized by
high-temperature laser ablation[J]. Journal of Applied Physics,1999,85(11):7981.

[61] TANG Y H,ZHANG Y F,WANG N,et al. Si nanowires synthesized from silicon mon-
oxide by laser ablation[J]. Journal of Vacuum Science and Technology B,2001,19(1):
317-319.

[62] TERLINDEN N M,DINGEMANS G,VAN DE SANDEN M C M,et al. Role of field-

effect on c-Si surface passivation by ultrathin (2-20 nm) atomic layer deposited Al_2O_3 [J]. Applied Physics Letters,2010,96(11):112101.

[63] TIAN B,ZHENG X,KEMPA T J,et al. Coaxial silicon nanowires as solar cells and nanoelectronic power sources[J]. Nature,2007,449(7164):885-889.

[64] TOOR F,BRANZ H M,PAGE M R,et al. Multi-scale surface texture to improve blue response of nanoporous black silicon solar cells[J]. Applied Physics Letters, 2011, 99 (10):103501.

[65] TSAKALAKOS L,BALCH J,FRONHEISER J,et al. Strong broadband optical absorption in silicon NW films[J]. Journal of Nanophotonics,2007,1(1):165-182.

[66] VERMANG B,GOVERDE H,TOUS L,et al. Approach for Al_2O_3 rear surface passivation of industrial p-type Si PERC above 19%[J]. Progress in Photovoltaics:Research and Applications,2012,20(3):269-273.

[67] WANG H,MU L,SHE G,et al. Fluorescent biosensor for alkaline phosphatase based on fluorescein derivatives modified silicon nanowires[J]. Sensors and Actuators B Chemical, 2014,203:774-781.

[68] WANG J,MOTTAGHIAN S S,BAROUGHI M F. Passivation properties of atomic-layer-deposited hafnium and aluminum oxides on Si surfaces[J]. IEEE Transactions on Electron Devices,2012,59(2):342-348.

[69] WANG N,TANG Y H,ZHANG Y F,et al. Nucleation and growth of Si nanowires from silicon oxide[J]. Physical Review B,1998,58(24):16024-16026.

[70] WANG X,PENG K Q,PAN X J,et al. High-performance silicon nanowire array photoelectrochemical solar cells through surface passivation and modification[J]. Angewandte Chemie International Edition,2011,50(42):9861-9865.

[71] WEISSE J M,KIM D R,LEE C H,et al. Vertical transfer of uniform silicon nanowire arrays via crack formation[J]. Nano Letters,2011,11(3):1300-1305.

[72] WERNER F,VEITH B,TIBA V,et al. Very low surface recombination velocities on p- and n-type c-Si by ultrafast spatial atomic layer deposition of aluminum oxide[J]. Applied Physics Letters,2010,97(16):162103.

[73] YE X,ZOU S,CHEN K,et al. 18.45%-efficient multi-crystalline silicon solar cells with novel nanoscale pseudo-pyramid texture[J]. Advanced Functional Materials, 2015, 24 (42):6708-6716.

[74] YOO J,YU G,YI J. Black surface structures for crystalline silicon solar cells[J]. Materials Science and Engineering B,2009,159(11):333-337.

[75] YUAN G,ARUDA K,ZHOU S,et al. Back Cover:understanding the origin of the low performance of chemically grown silicon nanowires for solar energy conversion [J]. Angewandte Chemie(International Edition),2011,50(10):2406.

[76] YUAN H C,YOST V E,PAGE M R,et al. Efficient black silicon solar cell with a densi-

ty-graded nanoporous surface: optical properties, performance limitations, and design rules [J]. Applied Physics Letters, 2009, 95(12): 123501.

[77] ZHANG Y F, TANG Y H, WANG N, et al. Silicon nanowires prepared by laser ablation at high temperature[J]. Applied Physics Letters, 1998, 72(15): 1835-1837.

[78] ZHAO J, WANG A, GREEN M A. 24.5% efficiency PERT silicon solar cells on SEH MCZ substrates and cell performance on other SEH CZ and FZ substrates [J]. Solar Energy Materials and Solar Cells, 2001, 66(1): 27-36.

[79] ZHONG S, HUANG Z, LIN X, et al. High-efficiency nanostructured silicon solar cells on a large scale realized through the suppression of recombination channels[J]. Advanced Materials, 2015, 27(3): 555-561.

2 MACE 硅基纳微米复合结构制备表征手段以及软件模拟

本章将着重介绍硅基纳微米复合结构的制备方法——MACE 法,包括纳微米结构简介、MACE 刻蚀机理以及 MACE 制备方法分类等;进一步,介绍硅基纳微米复合结构及器件的常用表征手段,包括形貌、光学、电学和器件性能表征,这些都是实验研究过程中不可缺少的;此外,研究过程中得到的一些实验参数需要进行理论分析,或者通过这些直接测量参数计算得到其他一些间接测量参数,有必要阐述其中涉及的相关理论、计算原理,或者对硅基纳微米复合结构的光电特性和太阳电池器件的输出性能辅之以软件模拟分析,因此,在本章的最后部分将对太阳电池光电性能模拟软件做简要介绍。

2.1 MACE 方法制备硅基纳微米复合结构

2.1.1 硅基纳微米复合结构简介

硅基纳微米复合结构是本书着重研究的对象,关于硅纳米结构的光学优势和电学特性,我们在第 1 章已经阐述清楚,硅基纳微米复合结构是在硅的微米结构基础上再刻蚀纳米结构,是两种尺度结构的结合。

这种复合结构的优势是:既有效利用了纳米结构的陷光优势,又减小了长纳米结构带来的严重电学复合损失,这对于器件的制备无疑是非常有利的。可以看出,这种复合结构从本质上来说属于对硅纳米结构形貌的优化,由于微米结构的引入,我们在更短的纳米结构上就可以实现等量甚至更好的陷光效果,而表面复合和俄歇复合却大大降低,最终结构形貌的优化将转化为器件的性能优势。更重要的是,在制备方法上也是同硅纳米结构制备工艺兼容,只要在纳米结构制备前,先进行微米结构制备,剩余的工艺完全一样。2011 年,Toor 等用金属离子辅助催化的 MACE 方法,在 FZ 单晶硅上(100)面上刻蚀了硅基纳微米复合结构[见图 2-1(a)、(b)],他们用较短的纳米结构维持了等量甚至更低表面反射

[如图 2-1(c)],而较短的纳米结构具有更好的电学性能,最后他们通过在器件短波光谱响应上的优化提高,实现了 17.1％ 的转换效率。2013 年,我们在 125 mm×125 mm 标准太阳电池单晶微米制绒硅片上制备了硅纳米线,与仅仅微米制绒的表面反射率相比,复合结构表面减反射优势明显;用 FDTD 软件模拟了这种复合结构的表面反射率并和实验反射率数据进行对比,获得了较为一致的结论。

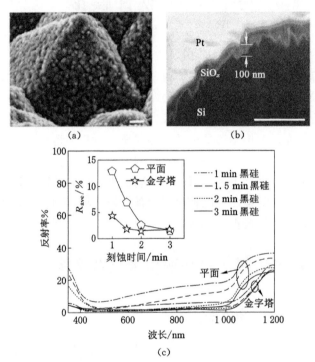

图 2-1 单晶硅纳微米复合结构及反射率

(a) 单晶硅微米金字塔刻蚀纳米俯视 SEM 图;(b) 硅基纳微米复合结构截面 SEM 图;
(c) 不同长度硅基纳微米复合结构表面反射谱对比

本节中,我们将详细阐述硅微米结构的制备方法,主要以其中的纳米结构 MACE 金属辅助化学刻蚀为重点。硅微米结构制备方法的大致流程是:首先制备硅微米结构,采用目前产线上普遍采用的方法,单晶硅微米结构采用各向异性刻蚀的碱制绒方法(10％ NaOH,80 ℃),制备出来的单晶微米结构为金字塔结构,多晶硅微米结构采用各向同性刻蚀的酸制绒方法(HF:HNO₃=1:3,刻蚀温度约为 6 ℃),制备出来的多晶微米结构为蠕虫状结构;其次,制备复合结构,即在硅微米结构上刻蚀纳米结构,采用 MACE 方法(① HF 与 AgNO₃ 混合液中沉积银粒子团簇;② HF 与 H_2O_2 混合液中刻蚀硅纳米结构,室温)进行结构刻蚀、调控和形貌优化。在第 1 章中已经简单说明了 MACE 制备硅纳米结构在方法本身和产线兼容上的优势,为了使读者能更清楚地理解作为重点内容的 MACE 刻蚀方法,本节将着重介绍 MACE 方法的刻蚀机理、刻蚀方法分类以及基于 MACE 方法的硅基纳微米复合结构制备。

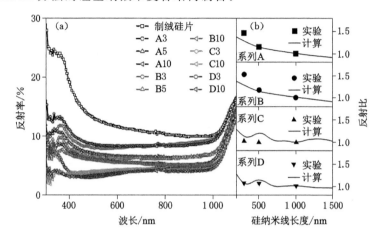

图 2-2 硅基纳微米复合结构实测反射谱及模拟
(a) 测量得到的硅基纳微米复合结构上不同纳米线高度的反射谱;
(b) FDTD 模拟表面反射和实验表面反射数据的比较

2.1.2 MACE 刻蚀机理

MACE 是一类用金属辅助化学刻蚀反应的总称。关于 MACE 方法的最早报道出现在 1997 年,Dimova-Malinovska 等在 n-Si 和 p-Si 衬底上用热蒸发的方法沉积一层厚度约 150 nm 铝膜,然后将其浸入 HF：HNO_3：$H_2O=1:3:5$ 的刻蚀溶液,通过控制刻蚀时间,获得了不同厚度的多孔硅层。他们认为这种多孔硅的形成机制是局域无电化学刻蚀——玷污刻蚀。具体的化学反应公式为:

在阴极

$$HNO^3 + 3H^+ \rightarrow NO + 2H_2O + 3H^+ \qquad (2\text{-}1)$$

在阳极

$$Si + 2H_2O + nH^+ \rightarrow SiO_2 + 4H^+ + (4-n)e^- \qquad (2\text{-}2)$$

$$SiO_2 + 6HF \rightarrow H_2SiF_6 + 2H_2O \qquad (2\text{-}3)$$

2000 年,Li 等提出了 HF/H_2O_2 溶液体系的刻蚀方法,并正式将这种方法命名为金属辅助化学刻蚀(MACE)。他们在硅(100)面上沉积了非常薄的贵金属粒子层,然后将硅片沉浸在 HF/H_2O_2 混合溶液中,根据硅片掺杂类型和刻蚀时间的不同,他们得到了不同形貌的多孔硅层。他们同样将这种刻蚀机理解释为局域无电化学刻蚀,他们认为贵金属粒子作为反应的阴极,发生如下反应:

$$H_2O_2 + 2H^+ \rightarrow 2H_2O + 2h^+ \qquad (2-4)$$

$$2H^+ + 2e^- \rightarrow H_2 \uparrow \qquad (2-5)$$

硅的表面发生阳极反应:

$$Si + 4h^+ + 4HF \rightarrow SiF_4 + 4H^+ \qquad (2-6)$$

$$SiF_4 + 2HF \rightarrow H_2SiF_6 \qquad (2-7)$$

反应过程中的关键因素是:来自 H_2O_2 的空穴 h^+ 的产生和氢气 H_2 的形成,h^+ 产生后被输运到阳极(与金属粒子接触的局域硅表面),然后注入硅的价带中引起硅表面的氧化,最后由 HF 将产生物溶解形成硅的刻蚀。可以看到金属粒子在整个反应过程中起了非常关键的作用。从能带的观点来看,H_2O_2 化学势远高于硅的价带,所以产生的空穴 h^+ 不需要借助金属粒子也可以注入硅价带从而引起硅表面的氧化,事实上在没有金属粒子的情况下可以发生刻蚀,但是刻蚀速率非常慢(每小时刻蚀几纳米)。在金属粒子存在的情况下,加快了空穴注入的速率进而提高了整体反应速率。

比较以上两种对于 MACE 微观刻蚀机制的解释,它们的共同点是金属粒子在反应过程中都是加速局部硅表面的氧化作用,最后的生成物 H_2SiF_6;但他们对中间过程的解释不同是,在阳极上中间产物 Si 的化学价是 +2 价还是 +4 价。因为中间产物的发生过程非常短暂,需要极为精密的原位观察仪器来分辨,所以究竟哪种解释更为合理,目前尚无法给出定论。除了以上两种溶液体系中的氧化剂 HNO_3 和 H_2O_2 外,还可以采用其他氧化剂来替代,例如 $Fe(NO_3)_3$、$KMnO_4$、$KBrO_3$ 以及 $K_2Cr_2O_7$ 等。

综上所述,尽管具体的 MACE 的微观刻蚀机制并不是十分清楚,但我们可以对其刻蚀机理做一宏观描述:一方面,金属粒子作为反应的阴极,在其辅助(表面催化)作用下,与其接触的局部硅表面在氧化剂的作用下被氧化(+2 价或 +4 价),氧化物与腐蚀性极强的 HF 发生反应生成溶于水的 H_2SiF_6,随着反应的进行,金属粒子继续向硅片内部推进;另一方面,在没有金属粒子沉积的区域,刻蚀速率非常慢,这样就在硅片表面形成纳米尺度的坑、孔或者线状的结构。

2.1.3 MACE 刻蚀方法分类

从上节的刻蚀机理分析可以看出,金属粒子在 MACE 中的催化作用非常重要。通常,获得金属粒子的方法主要有两种:干法沉积(热蒸发或者溅射)和湿法沉积。湿法沉积更有优势,它不但可以和后面的刻蚀过程兼容,更重要的是能和目前太阳电池的生产工艺兼容，更容易节省成本和进行大规模应用。本小节重点介绍湿法 MACE 的两种刻蚀分类：一步法 MACE 和两步法 MACE。

一步法 MACE 是指金属粒子团簇沉积和硅纳米结构刻蚀是在一种溶液体系一步完成。这种方法最早由彭奎庆等在 2002 年提出。他们采用一步法 MACE，在 HF/AgNO₃ 混合溶液中成功制备了大面积硅纳米结构，制备过程简单，在一种溶液中同时完成沉积[图 2-3(a)B 过程]和刻蚀过程[图 2-3(a)C 过程]，刻蚀的硅纳米线状结构 SEM 图如图 2-3(b)所示。以上一步法对应的化学反应可表示为：

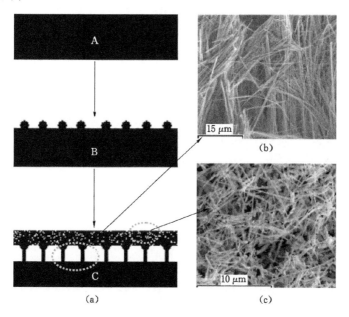

图 2-3 一步法 MACE 制备硅纳米结构

(a)一步法 MACE 制备硅纳米结构示意图；(b)一步法 MACE 制备的硅纳米结构高分辨 SEM 图；
(c)硅片表面产生的金属银枝状结构 SEM 图

$$\mathrm{Ag^+ + e_{VB}^- \rightarrow Ag} \tag{2-8}$$

$$\mathrm{Si(s) + 2H_2O \rightarrow SiO_2 + 4H^+ + 4e_{VB}^-} \tag{2-9}$$

$$\mathrm{SiO_2(s) + 6HF \rightarrow H_2SiF_6 + 2H_2O} \tag{2-10}$$

这种一步法反应的微观机制可用图 2-4 表示：① Ag⁺ 从 Si 价带俘获电子，结成纳米尺度金属 Ag 核，这是因为 Ag⁺/Ag 体系的能量位于 Si 的价带之下；② 金属 Ag 核更容易呈负电性，吸引周围 Ag⁺ 附着，因此 Ag 核逐渐生长，变成金属银团簇；③ 与团簇局域接触的 Si 表面电子丢失，生成 SiO₂，生成的 SiO₂ 与 HF 发生反应，银团簇继续向内部推进，形成硅纳米坑、柱或线状结构。一步法

MACE 最大的特点是溶液体系中的 Ag^+ 会生成 Ag，因此随着反应的进行 Ag^+ 会慢慢消耗，生成的 Ag 也越来越多，逐渐堆积在硅片表面，形成树枝状的银结构，如图 2-3(c)所示。

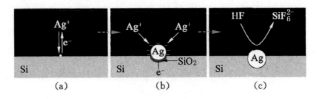

图 2-4　一步法 MACE 制备硅纳米结构过程原理

（a）Ag^+ 从硅价带俘获电子，结成纳米尺度金属 Ag 核；

（b）Ag 核逐渐生长，变成金属银团簇，同时硅表面氧化生成 SiO_2；

（c）SiO_2 与 HF 发生反应，纳米结构生成

两步法 MACE 是指金属粒子的沉积和硅纳米结构的刻蚀在两种溶液体系中完成。下面我们以文献[14]为基础，当 $HF/AgNO_3$ 和 H_2O_2/HF 分别做沉积和刻蚀溶液体系，对两步法 MACE 刻蚀过程进行阐释。第一步，将洗净的硅片浸入 $HF/AgNO_3$ 溶液中一定的时间，沉积银粒子团簇在硅片表面形成，其 SEM 图如图 2-5 所示；第二步，将沉积有银粒子团簇的硅片快速移至 H_2O_2/HF 刻蚀溶液中，进行硅纳米结构刻蚀，反应过程可表示为：

在阴极（Ag 粒子团簇）

$$H_2O_2 + 2H^+ + 2e^- \rightarrow 2H_2O \quad E^0 = 1.77 \text{ V (v. SHE)} \quad (2-11)$$

在局域接触的硅表面阳极

$$SiO_2 + 6HF \rightarrow H_2SiF_6 + 4H^+ + 4e^- \quad E^0 = 1.2 \text{ V (v. SHE)} \quad (2-12)$$

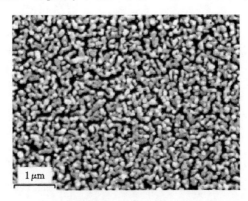

图 2-5　硅片表面湿法沉积银粒子团簇后的 SEM 图

可以看到阴极和阳极反应存在一个由于 Ag 和 Si 电阻率不同引起的电势差 0.57 V。彭奎庆等对此提出了一种动力学模型解释：在 Ag 粒子团簇表面自发形成了由水合氢离子梯度分布诱发的微电场，氢离子沿团簇外部运动，电子沿团簇内部运动，阳极硅表面不断丢失电子，被氧化成 SiO_2，如图 2-6（a）所示；SiO_2 被 HF 溶解成可溶于水的 H_2SiF_6，Ag 团簇在自电泳作用下向硅内部继续移动，如图 2-6（b）所示，移动方向优先沿着能量较低的 Si[100]晶向；随着反应的持续进行，硅纳米结构阵列形成，如图 2-6（c）所示。

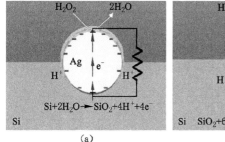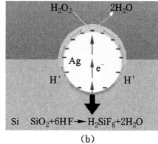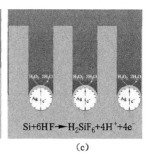

图 2-6 两步法 MACE 制备硅纳米结构动力学机制

（a）Ag 团簇自诱发微电场；（b）阳极硅表面氧化生成 SiO_2；

（c）SiO_2 溶解，Ag 团簇沿 Si[100]方向电泳推进，纳米结构生成

通过一步法和两步法反应过程和机制解释的比较，我们可以得出如下结论：① 两步法的反应速率比一步法快得多，主要原因是 H_2O_2 的存在加速了阴极的反应速率。② 一步法的反应生成物中包含金属 Ag，即反应过程会消耗 Ag^+，而在两步法 MACE 中并不消耗 Ag^+，发生消耗的是 H_2O_2，这对于大规模产业化生产也许是个好消息。③ 一步法虽然反应速率慢，但是步骤简单，只需要一种溶液体系可以实现硅纳米结构刻蚀。④ 两种方法制备的硅纳米结构相类似，但也有细节的不同，关于一步法 MACE 和两步法 MACE 硅纳米结构形貌的不同在本书后面研究内容会有所体现，这儿不再赘述。

2.2 表征手段

在硅基纳微米复合结构制备、中间工艺过程以及太阳电池器件制备完成后，为了更准确地分析和研究纳微米结构形貌、样品光电性能以及器件的输出性能等，必然会涉及大量的表征手段。这些手段的功能有两个：一是表征当前样品的参数；二是为下一步实验制备提供指导。本书涉及的表征手段有些是在研究中常用的，有些则是不太常见的，下面对其中一些重要的表征手段进行简单介绍。

2.2.1　形貌表征与元素分析

本书涉及的形貌表征主要包括扫描电子显微镜(SEM)、场发射扫描电子显微镜(SEM)/聚焦离子束(FIB)刻蚀、EDS能谱分析、傅立叶变换红外光谱仪(FTIR)等。

扫描电子显微镜(SEM)的工作原理是电子束经过电磁透镜聚焦后,形成极小的细斑,经过扫描线圈控制,使电子束斑在试样表面上做光栅状扫描,试样在电子束作用下,激发出各种信号,在试样附近的探测器把激发出的电子信号接收下来,经信号处理放大系统后,输送到显示器,形成SEM图像。SEM图像主要分为二次电子成像和背散射电子成像。二次电子主要在样品表面产生,而且依赖样品表面斜率,因此二次电子成像主要反映样品表面的形貌;而背散射电子的产生主要依赖于原子序数,所以生成的图像信号主要反映样品的原子序数,或者说成分分布。图2-7和2-8分别是典型的二次电子表面形貌和背散射电子元素分析图像。

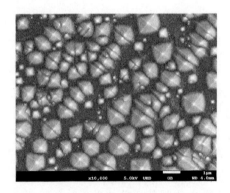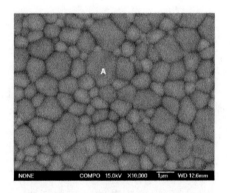

图2-7　单晶硅微米金字塔表面二次电子图像　　图2-8　氧化铈基陶瓷材料背散射电子
(BSE)图像

场发射扫描电子显微镜(SEM)/聚焦离子束(FIB)刻蚀系统,由扫描电子显微镜和聚焦离子束两个系统合并而成,它们相互配合,分工协作,聚焦离子束完成对样品的微纳米尺度保护膜淀积、离子切割(见图2-9)、透射样品制备及原子探针针尖加工等,扫描电镜用于观察、记录和拍摄材料的微观形貌(见图2-10),二者共同完成纳米尺度材料的切割、搬运、操纵、形貌观察和照片拍摄等动作。图2-11是用SEM/FIB系统完成的SiO_2/SiN_x双层膜覆盖的硅片截面形貌SEM观察。

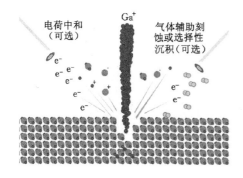

图 2-9　聚焦离子束(FIB)刻蚀原理示意图　　图 2-10　内部 CCD 图像显示聚焦离子束

　　　　　　　　　　　　　　　　　　　　　　　(FIB)刻蚀过程

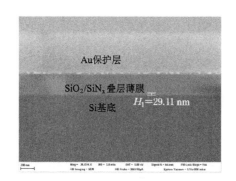

图 2-11　利用 SEM/FIB 加工的样品(硅片表面覆盖 SiO$_2$/SiN$_x$ 双层膜)截面 SEM 图

　　EDS(energy dispersive spectrometer)能谱分析又叫 X 射线能谱分析,是进行微区分析并获得分析区域元素种类和含量的重要手段之一。其基本原理是利用电子束轰击样品表面,使样品表面元素的内层壳电子激发而得到元素的特征 X 射线,能谱仪配置的锂漂移硅探测器俘获这些 X 射线后将之转换成高压脉冲信号,通过分析高压脉冲信号,最终可以得到样品表面元素的种类和含量。如下图所示,我们对 ALD-Al$_2$O$_3$ 钝化的硅基纳微米复合结构界面做了 EDS 能谱分析,图 2-12 给出了样品分析的截面区域,图 2-13 是对应区域的 EDS 能谱图。

　　能谱仪给出的分析结果是:微区中含有 O、Al、Si 和 Ag 四种元素,其原子个数百分比含量分别为 60.31%、12.45%、27.15% 和 0.08%,分析结果符合样品预期,Al$_2$O$_3$ 覆盖在 Si 基底上,含有少量的 Ag 是因为硅纳米结构制备过程中使用了 Ag 催化剂。

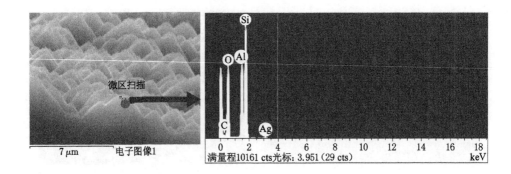

图 2-12　EDS 分析区域　　　　图 2-13　图 2-12 对应区域的 EDS 能谱图

（图中圆点所示）

傅立叶变换红外光谱仪（FTIR）是利用红外干涉光的傅立叶变换提取样品信息的红外光谱仪。其基本工作过程为（如图 2-14 所示）：红外光源经干涉仪后，变成两束相干红外光，相干光与样品分子（振动）发生相互作用，引起样品分子偶极矩的变化从而产生吸收，探测器将探测到的干涉图样传送给计算机，计算机通过傅立叶变换将干涉图样转换为红外光谱。图 2-15 是 SiO_2/SiN_x 双层膜钝化的硅片样品 FTIR 红外吸收谱，可以很清楚地看到在波数为 840 cm^{-1}、1 070 cm^{-1}、2 200 cm^{-1} 和 3 340 cm^{-1} 处的红外吸收峰，分别对应 Si—N 键、Si—O 键、Si—H 键和 N—H 键的分子振动。通过 FTIR 吸收峰位和强度的分析，我们可以详细了解样品化学键的种类和数量的变化，为分析钝化薄膜的电学钝化性能提供重要依据，详细分析将在后面章节中体现。

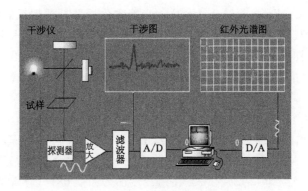

图 2-14　FTIR 光谱仪工作原理示意图

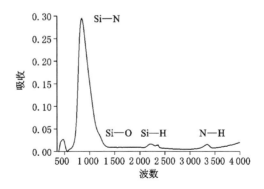

图 2-15　SiO_2/SiN_x 双层膜钝化的硅片 FTIR 红外吸收谱

2.2.2　光学表征

在太阳电池制备过程中,主要的光学表征手段为太阳谱的表面反射测量。太阳电池是一种光电转换器件,进入电池体内光子数越多,电池的输出性能就会越好,而进入体内的光子数目无法直接测量,但是通过表面反射测量可以间接反映体内捕获的光子数目,因此太阳谱的表面反射测量是我们了解太阳电池光学性能的必备手段。

下面以 PV Measurements 的 QEX10 测量平台为例,说明太阳谱表面反射的测量过程。通常的太阳谱表面反射测量是基于积分球的镜面反射和漫反射的结合功能,测试原理如图 2-16 所示:卤素光源发出的光,经过单色仪后转换为单色光(300~1 100 nm 范围内连续可变),经过前端开有小孔的积分球(积分球内部涂有纯白的理想漫反射材料,如硫酸钡、氧化镁等),入射到样品表面,经表面反射后,光线在积分球内部经过多次反射(理想的全反射),最终均被光电探测器收集,积分球可以近似看成是一个理想的封闭系统,因此积分球顶部的光探测器收集的光子全部来自样品表面反射光。每一个波长的光经过这样一次循环,最后将 300~1 100 nm 范围内太阳谱的反射率形成反射谱,以数据的形式体现出来。

图 2-17 显示了表面刻有硅基纳微米复合结构(微米金字塔上刻蚀很短的纳米线)在 300~1 100 nm 光谱范围内的表面反射情况,可以看到在短波段和长波段的反射率较高,而在中波段 500~800 nm 范围内反射率较低,减反射性能好。通过简单的分析,我们就可以很明确地知道,在接下来的样品制备中,应该继续降低短波段的表面反射,使光学性能进一步提高。这个例子可以充分说明表面反射测量对硅纳米结构制备、器件光学性能表征以及对后续结构设计和改进起着至关重要的作用。

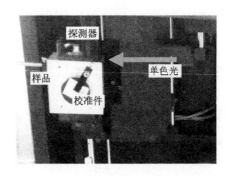

图 2-16　QEX10 积分球表面反射测量系统实物图

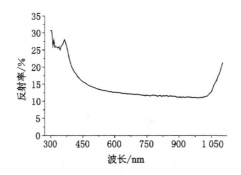

图 2-17　硅基纳微米复合结构的表面反射谱(300~1 100 nm)

2.2.3　电学表征

太阳电池的电学性能对能量转换效率起着非常重要的作用,如果器件的电学性能不好,即使具备再优越的光学性能,器件的输出性能也不会太好。因此,在器件制备过程中,对各个工艺流程产生的样品进行电学表征,实时掌握每一步电学性能的好坏,是进行器件制备和优化的必备手段。常用的电学表征手段有少子寿命测试、无接触式 Corona-Voltage 测试以及方阻测试等。

少子寿命即半导体中产生的非平衡少子浓度衰减到峰值浓度的 1/e 时所经过的时间,是综合反映半导体材料或器件性能的重要参数,它受到体内杂质、掺杂浓度、温度、表面缺陷以及材料厚度等影响。对于太阳电池器件来说,少子寿命直接决定了器件能够输出的电压,寿命越高,电压值越大,器件性能就越好。因此,准确测量材料或器件的少子寿命,是太阳电池器件制备过程中的重要手段。少子寿命测试方法有很多种,这些测量方法在非平衡载流子的注入和探测方面都不尽相同,例如在注入方面可分光注入和电注入,在探测方面可分为直接检测电导率的变化和间接测量微波信号的变化等,本书中以 Semilab WT-1 200 A 的微波光电导测试为例,说明少子寿命测试过程。微波光电导测试少子寿命原理如图 2-18 所示,采用 904 nm 波长的激光进行光注入,在硅片内深约 30 μm 区域产生非平衡载流子,在注入的同时微波天线发出微波信号,经硅片反射后微波探测器将信号接收,微波信号对硅片的电导率非常敏感,随着非平衡载流子浓度的变化,硅片电导率随之变化,最终导致探测到的微波信号的变化,最后计算机通过微波信号的变化计算出硅片的少子寿命。注意,通过仪器测得的少子寿命是硅片的有效寿命,它与体寿命 $\tau_{\text{intrinsic}}$、缺陷复合寿命 τ_{SRH}、表面复合速率 S 以及硅片厚度 d 之间的关系如下:

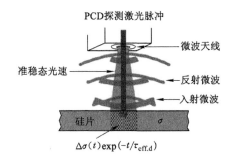

图 2-18　微波光电导法测量少子寿命原理示意图

$$\frac{1}{\tau_{\text{eff}}} = \frac{1}{\tau_{\text{intrinsic}}} + \frac{1}{\tau_{\text{SRH}}} + \frac{S_{\text{F}} + S_{\text{B}}}{d} \tag{2-13}$$

通常来说,对于缺陷较少的硅片来说缺陷复合较小,式(2-13)右边第二项可忽略,但是对于扩散后产生 p-n 结的硅片来说,会引入较多的缺陷,这一项一般不能忽略。

通过激光光强的变化,还可以对不同注入浓度下的少子寿命进行扫描,得到变注入浓度的少子寿命曲线,这可以定性反映器件在不同光强下的性能状态。图 2-19 是 PECVD-SiN$_x$ 钝化的硅基纳微米复合结构样品随注入浓度变化少子寿命图,可以看出,随注入浓度的增加其少子寿命出现先增加后减小的趋势,说明硅片经过扩散工艺在 n$^+$ 发射极出现重掺杂,随着注入浓度的增加,发射极俄歇复合变得越来越严重,导致有效少子寿命下降。

除了可以对硅片进行单点的少子寿命测量外,还可以对硅片进行面扫描 mapping 少子寿命测量,这样得到整个硅片的少子寿命分布,更能准确地反映硅片各处的少子寿命细节和缺陷分布。图 2-20 所示为 PECVD-SiN$_x$ 钝化的硅纳米结构样品的少子寿命 mapping 图,测试仪器为 Semilab PV-2000。可以看到,由于硅纳米结构刻蚀的不均匀性,导致少子寿命的不均匀分布,少子寿命越低,说明此区域纳米结构偏长,少子寿命则越高,说明此区域纳米结构偏短。

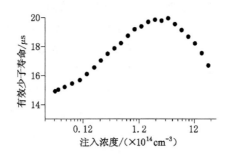

图 2-19　样品少子寿命随注入浓度的变化

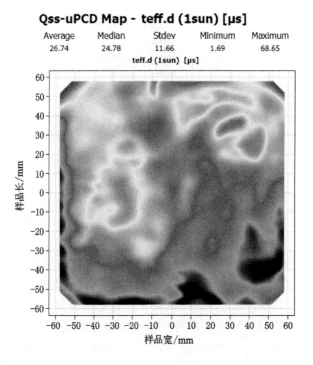

图 2-20　PECVD-SiN$_x$ 钝化的硅纳米结构样品硅片少子寿命 mapping 图

Corona charge-Voltage 测试在半导体材料研究中不太常用,却是非常先进的一种测试,利用 Corona charge-Voltage 测试可以获得材料的界面态密度和界面固定电荷密度,我们知道这两个参数对研究材料的表面钝化和界面物理是非常重要的。Corona charge-Voltage 测试的最大优点是无接触测试,不需要蒸镀电极,对材料的表面也没有机械性损伤,由于这种测试的优越性,在一些特殊条件下却是不可替代的,例如在本书涉及的测试样品中,大部分测试都带有纳米结构,如果在纳米结构上蒸镀电极或者直接探针接触,很容易破坏纳米结构,从而造成测量结果不准确,而 Corona-Voltage 测试不是直接接触,而是在材料表面沉积电荷,因此避免了此类问题。

下面我们就以 Semilab PV-2000 系统集成的 Corona-Voltage 功能为例,说明其原理过程。原理图如图 2-21 所示,首先高压针状探头在样品表面形成电晕电荷,形成无接触式电荷沉积,电荷连续给介质膜和基底组成的样品充电,旁侧的开尔文振动探针将探测到的电势差 V_{cpd} 信号传给锁相放大器,由计算机记录整个电荷密度 Q_c 变化过程中 V_{cpd} 信号的变化趋势。通过比较在暗态和光照两种条件下的 V_{cpd}-Q_c 变化曲线(图 2-22),得到半导体的表面势垒 V_{sb}、平带电压 V_{fb} 以及总电荷密度 Q_{tot}。

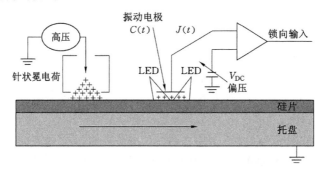

图 2-21 PV-2000 Corona-Voltage 测试原理示意图

根据表面电中性条件,可以得到界面缺陷态电荷密度 Q_{it},再由方程

$$D_{it} = \frac{\Delta Q_{it}}{q \Delta V_{sb}} \tag{2-14}$$

$$N_f = \frac{Q_f}{q} = \frac{C_{ox}}{q}(\frac{f_{ms}}{q} - V_{fb}) \tag{2-15}$$

最终可以计算出界面缺陷态密度 D_{it} 和界面固定电荷密度 N_f。D_{it} 和 N_f 是描述介质膜钝化效果非常重要的物理参数。D_{it} 描述化学钝化效果,D_{it} 值越小说明界面上的悬挂键或者缺陷越少,化学钝化效果越好;N_f 反映的是场钝化效果,即界面上固定电荷的多少,N_f 值越大,场钝化效果越好。

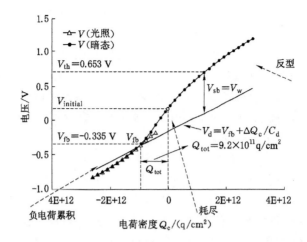

图 2-22　PV-2000 在暗态和光照两种条件下的 Corona-Voltage 测试曲线

2.2.4　器件性能表征

　　太阳电池器件性能表征和测试主要包括电流-电压(I-V)测试、量子效率(QE)测试、发射极饱和电流密度测试等,这些测试从不同角度表征电池器件性能的优劣。例如,I-V测试主要体现太阳电池输出参数包括开路电压、短路电流、峰值功率等;QE测试则主要表征太阳电池在各个波长上的响应性能即光谱响应;发射极饱和电流密度测试主要体现器件 p-n 结发射极的复合程度,包括表面复合、SRH 复合和俄歇复合。这些参数的获得将使我们从更深的层次上获知器件性能细节,哪些部分的工艺出现了问题,哪些部件表现良好,这为下一步器件结构和工艺的优化、性能的提升提供了有益的方向指南。

　　I-V测试是获知太阳电池器件基本参数最重要的手段之一。测试系统结构示意图如图 2-23 所示,测试过程如下:太阳模拟器发出的光照射在太阳电池上,太阳电池将光能转化为电能,在正负极两端产生电压,连接负载,就会产生电流;通过改变负载的电阻大小(理论上是从 0 到无穷大),可以测得负载上一系列对应的电压和电流值,数字源表和数据采集系统将这些电流和电压值读取、记录并存储下来,经过计算机处理,我们最终得到太阳电池的各项基本参数和 I-V 曲线。这些参数包括开路电压、短路电流、填充因子、转换效率以及峰值功率等。

　　根据图 2-24,测试系统在给出 I-V(P-V)曲线的同时,还提供了如下参数:峰值功率 $P_{max}=4.292$ W、峰值电压 $V_m=530.7$ mV、峰值电流 $I_m=8.800$ A、短路电流 $I_{sc}=8.726$ A、开路电压 $V_{oc}=637.7$ mV、填充因子 $FF=77.1\%$,可见在太阳电池认证测试中并未给出转换效率 η。根据测试器件的实际面积 A 为 0.024 336

$(=0.156\times0.156)\mathrm{m}^2$，可得 η 为 $17.64\%[P_{max}/P_{in}=4.292/(1\,000\times0.024\,336)]$。

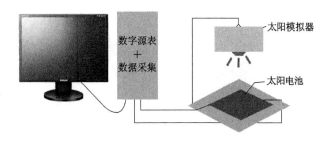

图 2-23　太阳电池 I-V 测试系统结构示意图

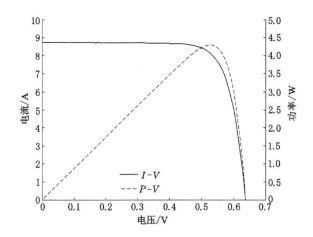

图 2-24　多晶硅太阳电池 I-V 认证测试（TÜV 莱茵）

　　QE 测试是反映电池器件光谱响应性能的最主要手段，它更能从细节和本质上揭示太阳电池在每个波段上的工作性能。下面以 PV Measurements 的 QEX10 测量平台（见图 2-25）出发，说明 QE 的测试过程和原理：卤素灯光源发出的光，经单色仪的光栅干涉后，分成各个波长的单色光（波长可以从 300～1 100 nm 范围连续可调），单色光照射到太阳电池上，产生电能输出，计算软件将产生的电能和原始入射的光能进行对比，可以得到该波长处的外量子效率 EQE，如果知道该波长处的反射率 R，还可以计算出该波长处的内量子效率 IQE。单色光从 300 nm 变换到 1 100 nm，可以获得所有波长处的 EQE 和 IQE，计算机将这些数据记录下来，就绘成 QE 光谱响应曲线。图 2-26 是用 QEX10 测试平台获得的常规酸制绒多晶硅太阳电池的 QE 曲线和反射谱曲线。

图 2-25　PV Measurements QEX10 量子效率测试平台

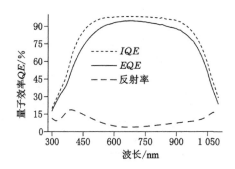

图 2-26　常规多晶硅太阳电池片的 *QE* 曲线

2.3　软件模拟

　　软件模拟是太阳电池器件制备过程中的重要辅助手段,它不仅可以使我们很直观地对某一器件参数进行定量模拟,考察该参数对器件整体性能的影响,更重要的是,我们可以以软件模拟参数为基础依据,开展材料和器件的设计、制备和优化工作;反过来,实验过程中的一些重要参数对器件的影响也可以通过软件模拟得到印证,这样就大大简化了实验过程,使得实验制备和优化更有效率。下面简单介绍本书涉及的两个重要的模拟软件 PC1D 太阳电池器件性能模拟和FDTD 软件光学模拟。

2.3.1 PC1D 软件模拟

PC1D 软件是专门模拟晶硅太阳电池器件性能的一款简单实用的免费软件,是由澳大利亚新南威尔士光伏研究中心开发,到目前为止已经更新到 5.0 版本。PC1D 的计算基础是晶体半导体中电子和空穴的准一维传输方程,根据边界条件,设置表面反射参数、发射极掺杂形貌、前表面复合、体寿命、背表面复合、背场高低结设置、串联电阻、漏电电阻等,能够快速有效地模拟出对太阳电池器件来说最重要的三项特性,包括光照 I-V 特性、P-V 曲线以及 QE 量子效率曲线,能计算晶体中载流子浓度、电流密度以及产生率与复合率等物理参数,还可以描绘电势和场强等物理量与位置的关系曲线。可以说,晶体硅太阳电池实验上所能测试的参数,在软件中都有对应的设置,这为全方位、高效率、高精确度获得太阳电池器件的光电性能提供基础。

下面就从半导体中载流子的输运方程出发,了解 PC1D 的计算原理与软件基本设置与功能实现。我们知道电子和空穴在晶体中的连续性方程分别为:

$$\frac{\partial n}{\partial t}=\frac{1}{q}\nabla\cdot J_n-\frac{\Delta n}{\tau_n}+G_n(x,y,z,t) \tag{2-16}$$

$$\frac{\partial p}{\partial t}=-\frac{1}{q}\nabla\cdot J_p-\frac{\Delta p}{\tau_p}+G_p(x,y,z,t) \tag{2-17}$$

假设太阳电池器件在平面上是均匀的,取太阳电池的厚度方向为 x 方向,这是一种合理化的近似。在此基础上,只要考虑载流子在一维 x 方向上的输运即可,这样可以省省大量的计算时间。因此,式(2-16)和式(2-17)就可以写为:

$$\frac{\partial n}{\partial t}=\frac{1}{q}\cdot\frac{\partial J_n}{\partial x}-\frac{\Delta n}{\tau_n}+G_n(x,t) \tag{2-18}$$

$$\frac{\partial p}{\partial t}=-\frac{1}{q}\cdot\frac{\partial J_p}{\partial x}-\frac{\Delta p}{\tau_p}+G_p(x,t) \tag{2-19}$$

其中 J_n 和 J_p 分别为电子和空穴的电流密度方程,具体表达式为:

$$J_n=-qn\mu_n(x)\left[\frac{\partial\psi}{\partial x}+\frac{d\varphi_n}{dx}\right]+qD_n(x)\frac{\partial n}{\partial x} \tag{2-20}$$

$$J_p=-qp\mu_p(x)\left[\frac{\partial\psi}{\partial x}-\frac{d\varphi_p}{dx}\right]-qD_p(x)\frac{\partial p}{\partial x} \tag{2-21}$$

再根据

$$\frac{\partial^2\psi}{\partial x^2}=-\frac{q}{\varepsilon}\left[p-n+N_D(x)-N_A(x)\right] \tag{2-22}$$

通过求解非线性微分方程组[式(2-18)~式(2-22)],可以实现对器件电学输运特性的模拟。具体实现步骤是采用有限元法,将晶体进行微小区域分割,在每个区域内求解上述微分方程组,根据相邻区域的交界面上参数是连续的这一条件,将所有区域的微分方程耦合起来,再根据每个区域中的产生率、复合率以及初始条件,就可以通过迭代法将这些庞大、复杂的微分方程的数值解模拟出来,得到太阳电池的输出性能。太阳电池器件默认的边界条件如下:① 电池表面的钝化认为是理想状况,即扩散和复合平衡,表面钝化很差时,表面少子数目为零;② 金属电极的接触区域,少子数目为零;③ 耗尽区边缘少子数目为零。

下面以本书涉及的硅基纳微米复合结构太阳光电性能 PC1D 模拟为例,说明软件的参数设置和功能实现。在本例中,硅基纳微米复合结构样品的表面反射谱、表面复合速率、硅片体寿命以及前表面的固定电荷密度均已通过实验测出,其他器件参数的设置依据现有产线太阳电池的实测值,以保证太阳电池模拟结果的可靠性和准确性。

第一步是"DEVICE"器件结构的设计部分,设计细节如图 2-27 所示:太阳电池面积"Device area"设置为 156.02 cm^2(单晶 125×125 mm^2 标准尺寸),前表面固定电荷密度"Front surface charge"设置为 $-3×10^{12}$ cm^{-2}(ALD-Al$_2$O$_3$ 的场钝化,PV-2000 实测),前表面反射率"Front reflectance"采用外部导入文件 d-400.xlsx(ALD-Al$_2$O$_3$ 覆盖的硅基纳微米复合结构表面反射率,QEX10 实测),发射极电阻"Emitter contact"设置为 $1×10^{-4}$ Ω(产线产品实测),其余参数采用默认设置。

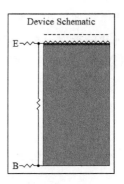

DEVICE
Device area: 156.02 cm^2
Front surface texture depth: 3 μm
Front surface charge: -3×10^{12} cm^{-2}
Rear surface neutral
Front reflectance from d-400.xlsx
No Exterior Rear Reflectance
Internal optical reflectance enabled
 Front surface optically rough
Emitter contact: 1×10^{-4} Ω
Base contact: 1.5×10^{-3} Ω
Internal conductor: 0.3 S

Device Schematic

图 2-27 PC1D"DEVICE"器件结构设计参数

第二步是"REGION1",器件的材料参数和掺杂参数设置。如图 2-28 所示,太阳电池材料为 n-Si,背景掺杂浓度"Background doping"为 $1.076×10^{16}$ cm^{-3},厚度"Thickness"为标准商业电池厚度 180 μm。发射极采用一次掺杂,掺杂形貌为余误差函数 Erfc,峰值浓度为 $2.799×10^{20}$ cm^{-3},掺杂深度为 0.104 9 μm,发射极方阻为 80 Ω/□。n-Si 和 p-Si 体寿命"Bulk recombination"分别为 1 000 μs 和 150 μs,前表面复合速率设为 101.02 cm/s(少子寿命仪 Semilab WT-1200A 实测值)。

REGION 1
Thickness: 180 μm
Material modified from si.mat
Carrier mobilities from internal model
Dielectric constant: 11.9
Band gap: 1.124 eV
Intrinsic conc. at 300 K: 1×10^{10} cm^{-3}
Refractive index from si.inr
Absorption coeff. from si300.abs
Free carrier absorption enabled
N-type background doping: 1.076×10^{16} cm^{-3}
1st front diff.: P-type, 2.799×10^{20} cm^{-3} peak
No 2nd front diffusion
No rear diffusion
Bulk recombination: τ_n = 1000 μs , τ_p = 150 μs
Front-surface recom.: S model, S_n =10, S_p = 101.02 cm/s
Rear-surface recom.: S model, S_n =10, S_p = 101.02 cm/s

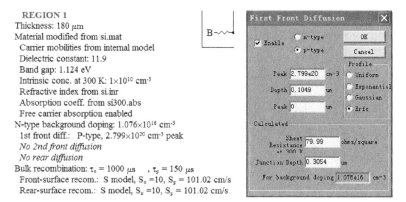

图 2-28　PC1D“REGION”参数设置

第三步，选择激发模式“EXCITATION”。PC1D 软件中有两种激发条件，分别是“ONE-SUN”和“SCAN-QE”。“ONE-SUN”是一个太阳光照强度的模拟光照模式，对应的输出结果 *I-V* 曲线和电池其他输出参数；“SCAN-QE”是量子效率 *QE* 扫描模式，对应的输出结果是太阳电池的光谱响应曲线，具体设置如图 2-29 所示。

EXCITATION
Excitation modified from one-sun.exc
Excitation mode: Transient, 200 timesteps
Temperature: 25 ℃
Base circuit: Sweep from -0.8 to 1 V
Collector circuit: Zero
Primary light source enabled
Constant intensity: 0.1 W cm^{-2}
Spectrum from am15g.spc
Secondary light source disabled

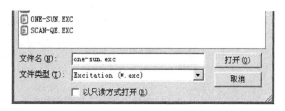

图 2-29　PC1D“EXCITATION”参数设置

第四步，全部参数设置完毕后，执行运行，输出结果“RESULTS”。因为有两种激发模式，所以结果的输出也对应两种，在“ONE-SUN”条件下，输出结果为(见图 2-30)：短路电流为 6.264 A，峰值功率为 3.288 W，开路电压为 0.659 V，根据电池面积和光照强度(1 000 W/m^2)，可以进一步算出能量转换效率。在“ONE-SUN”条件下还可以输出太阳电池的 *I-V* 和 *P-V* 曲线，如图 2-31 所示。在“SCAN-QE”激发模式下，模拟得到的量子效率曲线如图 2-32 所示。

RESULTS
Short-circuit Ib: 6.264 amps
Max base power out: 3.288 watts
Open-circuit Vb: -0.6594 volts

图 2-30　PC1D“RESULTS”输出结果

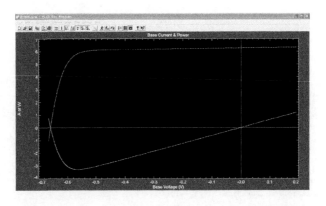

图 2-31　PC1D 模拟得到的太阳电池 *I-V* 和 *P-V* 曲线

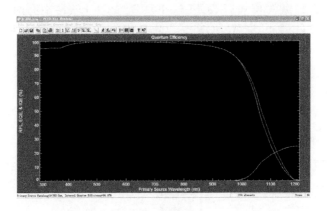

图 2-32　PC1D 模拟得到的太阳电池 *QE* 曲线

2.3.2　FDTD 软件模拟

FDTD 时域有限差分法用来计算电磁场在空间中传播以及电磁场与物质的相互作用的一种计算方法,它以麦克斯韦方程组为计算基础,将电磁场的传播空间网格化,这样就把微分方程组在每个网格内转换为差分方程,网格与网格之间通过连续性方程产生耦合,并在时间轴上逐步演化,最后得到整个计算区域内电矢量和磁矢量的传播情况。这种算法最早由 Yee 在 1966 年建立起来,具有计算时域量、通用性强、计算结果直观以及适合计算机并行计算等优点。

下面我们以加拿大 Lumerical 公司开发的 FDTD Solutions 软件为基础,简要介绍 FDTD 计算原理。首先,将麦克斯韦方程组写成电矢量和磁矢量的分量形式,即:

$$
\begin{cases}
\dfrac{\partial E_z}{\partial y} - \dfrac{\partial E_y}{\partial z} = -\mu \dfrac{\partial H_x}{\partial t} + \sigma_m H_x \\[2mm]
\dfrac{\partial E_x}{\partial z} - \dfrac{\partial E_z}{\partial x} = -\mu \dfrac{\partial H_y}{\partial t} + \sigma_m H_y \\[2mm]
\dfrac{\partial E_y}{\partial x} - \dfrac{\partial E_x}{\partial y} = -\mu \dfrac{\partial H_z}{\partial t} + \sigma_m H_z
\end{cases}
\tag{2-23}
$$

和

$$
\begin{cases}
\dfrac{\partial H_z}{\partial y} - \dfrac{\partial H_y}{\partial z} = -\varepsilon \dfrac{\partial E_x}{\partial t} + \sigma E_x \\[2mm]
\dfrac{\partial H_x}{\partial z} - \dfrac{\partial H_z}{\partial x} = -\varepsilon \dfrac{\partial E_y}{\partial t} + \sigma E_y \\[2mm]
\dfrac{\partial H_y}{\partial x} - \dfrac{\partial H_x}{\partial y} = -\varepsilon \dfrac{\partial E_z}{\partial t} + \sigma E_z
\end{cases}
\tag{2-24}
$$

将电磁场空间划分网格后,电场分量和磁场分量在网格上交替出现,它们在时间域上错开半个时间步长、在空间域上隔半个网格步长,而且每个电场分量网格周围由 4 个磁场分量环绕,同样的磁场分量由 4 个电场分量环绕,环绕方向由法拉第电磁感应定律和安培环路定理决定,如图 2-33 所示的 Yee 元胞示意图。

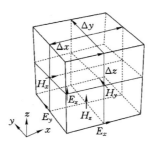

图 2-33　Yee 元胞示意图

在 x、y、z 三个方向的步长分别为 Δx、Δy、Δz,设置时间步长为 Δt,则空间中任意一点的电场或磁场分量可表达为:

$$
f(x,y,z,t) = f(i\Delta x, j\Delta y, k\Delta z, n\Delta t) = f^n(i,j,k)
\tag{2-25}
$$

对上述方程进行差商处理并将其代入麦克斯韦分量方程组,经过一些近似处理,得到在时间域上相邻的电场分量 E_x 的关系式为:

$$E_x^{n+1}(i+\tfrac{1}{2},j,k) = \frac{1-\dfrac{\sigma(i+\tfrac{1}{2},j,k)\Delta t}{2\varepsilon(i+\tfrac{1}{2},j,k)}}{1+\dfrac{\sigma(i+\tfrac{1}{2},j,k)\Delta t}{2\varepsilon(i+\tfrac{1}{2},j,k)}} \cdot E_x^n(i+\tfrac{1}{2},j,k) +$$

$$\frac{\Delta t}{\varepsilon(i+\tfrac{1}{2},j,k)} \cdot \frac{1}{1+\dfrac{\sigma(i+\tfrac{1}{2},j,k)\Delta t}{2\varepsilon(i+\tfrac{1}{2},j,k)}} \cdot$$

$$\left[\frac{H_z^{n+\frac{1}{2}}(i+\tfrac{1}{2},j+\tfrac{1}{2},k)-H_z^{n+\frac{1}{2}}(i+\tfrac{1}{2},j-\tfrac{1}{2},k)}{\Delta y} + \right.$$

$$\left. \frac{H_y^{n+\frac{1}{2}}(i+\tfrac{1}{2},j,k-\tfrac{1}{2})-H_y^{n+\frac{1}{2}}(i+\tfrac{1}{2},j,k+\tfrac{1}{2})}{\Delta z} \right]$$

$$(2\text{-}26)$$

采用同样的方法也可以得到时间域上相邻的 E_y、E_z 以及磁场分量 H_x、H_y、H_z 的表达式。这样,只要在计算开始时给电磁场赋一个初始值,可以通过上一时间域的电磁场、与此电磁场正交的面上前半个时间步相邻的磁电场以及介质参数将模拟区域内任意位置的电磁场计算出来。

参考文献

[1] 黄红英,尹齐和.傅里叶变换衰减全反射红外光谱法(ATR-FTIR)的原理与应用进展[J].中山大学研究生学刊(自然科学.医学版),2011(1):20-31.

[2] 刘剑霜,谢锋,吴晓京,等.扫描电子显微镜[J].上海计量测试,2003,30(6):37-39.

[3] 罗玉峰,杨祚宝,廖卫兵,等.硅太阳电池光谱响应测试技术研究[J].南昌大学学报(工科版),2012,34(1):66-69.

[4] 马克沃特,卡斯特纳.太阳电池:材料、制备工艺及检测[M].梁俊吾,等,译.北京:机械工业出版社,2009.

[5] 王景霄,杜永超,刘春明.太阳电池模拟软件——PC1D[C]//中国太阳能学会学术年会,2003.

[6] 王旭,肖辉,陈泉,等.太阳能光伏电池的 I-V 测试研究[J].云南大学学报(自然科学版),2010(S1):242-244.

[7] 翟青霞,黄海蛟,刘东,等.解析 SEM&EDS 分析原理及应用[J].印制电路信息,2012(5):

66-70.

[8] DIMOVA-MALINOVSKA D, SENDOVA-VASSILEVA M, TZENOV N, et al. Preparation of thin porous silicon layers by stain etching[J]. Thin Solid Films, 1997, 297(1): 9-12.

[9] LI X, BOHN P W. Metal-assisted chemical etching in HF/H_2O_2 produces porous silicon [J]. Applied Physics Letters, 2000, 77(16): 2572-2574.

[10] LIN X X, HUA X, HUANG Z G, et al. Realization of high performance silicon nanowire based solar cells with large size[J]. Nanotechnology, 2013, 24(23): 235402.

[11] NAHIDI M, KOLASINSKI K W. Effects of stain etchant composition on the photoluminescence and morphology of porous silicon[J]. Journal of the Electrochemical Society. 2006, 153(1): C19-C26.

[12] NAHM K S, HUN SEO Y, LEE H J. Formation mechanism of stains during Si etching reaction in HF-oxidizing agent-H_2O solutions[J]. Journal of Applied Physics, 1997, 81 (5): 2418.

[13] PENG K Q, YAN Y J, GAO S P, et al. Synthesis of large-area silicon nanowire arrays via self-assembling nanoelectrochemistry [J]. Advanced Materials, 2002, 14 (16): 1164-1167.

[14] PENG K Q, LU A J, ZHANG R Q, et al. Motility of metal nanoparticles in silicon and induced anisotropic silicon etching[J]. Advanced Functional Materials, 2008, 18 (19): 3026-3035.

[15] TOOR F, BRANZ H M, PAGE M R, et al. Multi-scale surface texture to improve blue response of nanoporous black silicon solar cells[J]. Applied Physics Letters, 2011, 99 (10): 103501.

[16] YEE K. Numerical solution of initial boundary value problems involving maxwell's equations in isotropic media[J]. IEEE Transactions on Antennas and Propagation, 2003, 14 (3): 302-307.

3 ALD-Al$_2$O$_3$钝化的单晶硅基纳微米复合结构光电特性及高效太阳电池应用

3.1 引言

在过去的几年中,垂直、有序分布的硅纳米线阵列吸引了大量的研究兴趣,主要原因在于硅纳米线具有几乎不依赖于角度的超低反射率以及它在低成本硅基高效太阳电池上的巨大应用潜力。硅纳米线阵列优异的表面减反射能力表现在两方面:当表面纳米形貌的尺寸小于入射波长时,纳米线阵列表现出一种具有密度梯度的多层结构特性,使得表面反射很低;当表面形貌大于入射波长时,减反射能力则来自于光在硅纳米线阵列中传播路径的增加。这样使得硅纳米线在很宽的波段上都具有超低的反射率,而且这种超低的反射几乎不依赖于入射角,如图 3-1 所示,谢卫强等在实验和理论上均证明,这种密度梯度的硅纳米结构表面反射对角度的依赖性微乎其微。

然而,尽管硅纳米线阵列具有如此优异的光学性能,但是硅纳米线太阳电池器件性能和能量转换效率却并不能令人满意,主要的原因就是硅纳米线阵列具有很高的比表面积,这会引起严重的表面复合,从而导致器件的电学性能很差。很多研究小组采取了许多有益的措施来最小化电学损失,他们也确实在提高硅纳米线太阳电池性能方面取得了极大进展。Oh 等通过控制硅纳米线的表面积、采用 SiO$_2$ 膜层钝化[图 3-2(a)]和近表面俄歇复合的抑制,实现了 18.2% 效率的硅纳米结构太阳电池,NREL 认证的 I-V 曲线如图 3-2(b)所示。

可以看出,硅纳米结构太阳电池在性能上取得的进展包含这样一个事实:要控制纳米结构表面复合,需降低纳米结构高度,必然会牺牲一些光学优势,即最好的电学性能和最好的光学性能不能同时实现,必须在电学复合损失和光学增益之间小心地平衡。

众所周知,表面钝化在减小表面复合、提高器件电学性能方面扮演着非常重要的作用。热氧化、碳膜钝化以及氯钝化等钝化手段已经在太阳电池钝化方面得

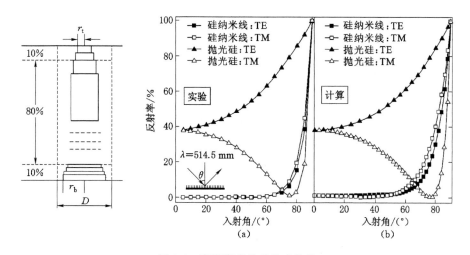

图 3-1 密度渐变的硅纳米结构

（a）密度渐变的硅纳米结构模型；（b）实验测得的硅纳米结构反射率随角度的变化；

（c）模拟得到的硅纳米结构反射率随角度的变化

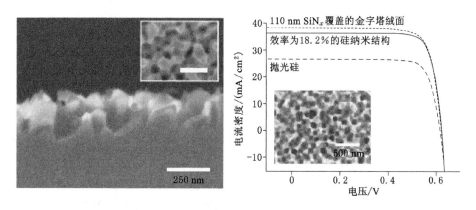

图 3-2 SiO$_2$膜层钝化的硅纳米结构

（a）SiO$_2$膜层钝化的硅纳米结构 SEM 图；（b）18.2%硅纳米结构太阳电池 *I-V* 曲线（NREL 认证）

到广泛研究，但是这些手段只能依靠纯表面的化学钝化（饱和表面悬挂键），提供有限的表面钝化作用。另外一种非常重要的钝化手段——原子层沉积的氧化铝（ALD-Al$_2$O$_3$）薄膜，不仅能够提供优异的表面化学钝化，而且可以产生很强的场效应钝化，这种场效应钝化来自于 Si/Al$_2$O$_3$ 界面上负的固定电荷层。由于具有双重的钝化作用，ALD-Al$_2$O$_3$ 钝化可以使样品的表面复合速率大大降低，从微观的参数来衡量，就是界面上界面缺陷态密度 D_{it} 的大大降低和固定电荷密度 N_f 的大大增加。Wang 等用 ALD-Al$_2$O$_3$ 对 n 型硅片实施钝化，结果表明界面缺陷态密度 D_{it} 可

以降低到约 1.8×10^{11} cm$^{-2} \cdot$ eV^{-1}，而固定电荷密度 N_f 高达 -3×10^{12} cm^{-2}。在太阳电池器件制备方面，Saint-Cast 等用 ALD-Al$_2$O$_3$ 对太阳电池背表面实施钝化，在 20 mm×20 mm 的面积上实现了 21.3% 的能量转换效率。

本书中，我们报道一种新颖的能够同时实现最好的光学效果和电学性能的方法，即在一定范围内，随着硅纳米长度的增加，表面反射率降低（太阳谱 300～1 100 nm 波长范围内的加权平均反射率为 1.38%），同时表面复合速率也在降低（最低的表面复合速率为 44.72 cm/s）。这种方法成功的关键在于我们采用 ALD-Al$_2$O$_3$ 薄膜钝化硅基纳微米复合结构。这种新颖结构在光学上实现超低的反射主要得益于硅基纳微米复合结构在短波段和 Al$_2$O$_3$ 薄膜在长波段的联合减反射作用。在电学特性方面，越长的纳米线，直径就越细，这样 ALD-Al$_2$O$_3$ 的场钝化效果就更加强烈，尽管表面积在增加，但表面复合速率却在降低。正是由于这种新颖的电学特性，才能使得最好的表面减反射效果和最低的复合速率同时实现。进一步的，基于以上优异光学和电学特性，我们设计了 ALD-Al$_2$O$_3$ 钝化前表面的 n 型太阳电池，用 PC1D 软件对这种太阳电池输出特性做了模拟，结果显示最高的太阳电池效率可达 21.04%。

3.2 实验部分和结构表征

3.2.1 样品制备工艺流程

图 3-3(a) 说明了基于 MACE 刻蚀方法和原子层沉积工艺的 ALD-Al$_2$O$_3$ 钝化的硅基纳微米复合结构样品工艺流程。我们选用的硅片参数如下：太阳级 p 型硅片，Cz 型单晶硅(100)面，电阻率约为 2 Ω·cm，厚度约为 180 μm，面积尺寸约为 125 mm×125 mm。首先，硅片在 80 ℃的 NaOH 溶液中制绒 25 min，在硅片表面形成尺寸大小为 3～5 μm 的金字塔结构；其次，将带有微米金字塔结构的硅片浸入酒精：丙酮＝3：1 的溶液中进行超声清洗 30 min 后，再用 5%（体积比）的 HF 溶液清洗 1 min，去掉表面自然氧化层；再次，采用两步法在微米金字塔表面 MACE 制备硅纳米线，先将硅片浸没在 HF(5 mol/L)/AgNO$_3$(0.02 mol/L) 混合溶液中 90 s，沉积 Ag 粒子团簇，沉积完立即在 HF(5 mol/L)/H$_2$O$_2$(0.02 mol/L) 刻蚀溶液中刻蚀 100～600 s 时间不等，硅纳米线刻蚀完毕后将表面残存的 Ag 离子用 HNO$_3$：H$_2$O＝1：1 溶液洗净(30 min)；然后，将刻蚀好硅基纳微米复合结构的硅片洗净吹干后，放入 ALD 原子层沉积腔内(TFS 200, Beneq, Finland)，采用热型沉积 Al$_2$O$_3$ 薄膜，沉积源为三甲基铝(TMA)和臭氧(O$_3$)，沉积温度为 185 ℃，沉积气压为

3 mbar；最后，为了激活 ALD-Al$_2$O$_3$ 薄膜的场效应钝化，所有的样品经过 425 ℃ 的大气氛退火 5 min（Thermolyne，Thermo Scientific，USA）。

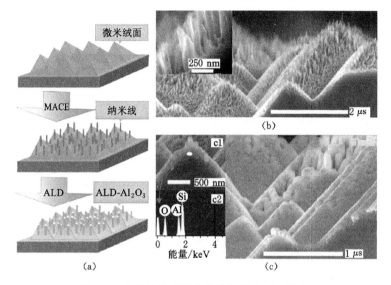

图 3-3　硅基纳微米复合结构沉积 ALD-Al$_2$O$_3$

（a）ALD-Al$_2$O$_3$ 覆盖的硅基纳微米复合结构制备工艺流程；

（b）硅基纳微米复合结构侧视 SEM 图；（c）ALD-Al$_2$O$_3$ 覆盖的硅基纳微米复合结构侧视 SEM 图

（插图 c1 是界面高分辨 SEM 图，插图 c2 是 c1 中黄点微区的 EDS 能谱图）

3.2.2　样品表征手段和分类说明

ALD-Al$_2$O$_3$ 钝化的硅基纳微米复合结构形貌和元素分析通过场发射扫描电镜以及与之配套的光电 EDS 能谱仪（SEM，FEI Sirion 200）获得；用量子效率测试平台（QEX10，PV Measurements，USA）的积分球测量系统测量了样品表面反射率；基于微波光电导方法（WT-2000，Semilab，USA），采用 904 nm 波长的激光光注入方法在平均注入水平为 $\Delta n = 4.81 \times 10^{14}$ cm^{-3} 条件下，测量了样品少子的有效寿命。

根据二步法 MACE 中的第二步的 4 组刻蚀时间 100 s、250 s、400 s 和 600 s，我们将样品标号为 A、B、C 和 D 四个系列，这 4 个系列对应的硅纳米线的长度分别约为 180 nm、550 nm、870 nm 和 1 200 nm。对于每个长度系列的硅基纳微米复合结构，我们沉积不同厚度的 ALD-Al$_2$O$_3$ 薄膜进行钝化，我们用沉积循环数目来标记样品，5 个不同的循环数目 100、250、400、500 和 700 分别代表 5 种不同的 Al$_2$O$_3$ 薄膜厚度为 10 nm、25 nm、40 nm、50 nm 和 70 nm。注意，Al$_2$O$_3$

薄膜厚度可以通过原子层沉积的自限制反应特性推算出来,对 Al_2O_3 薄膜沉积来说,每个循环代表 0.1 nm 的薄膜厚度。举例来说,D-250 样品就是硅基纳微米复合结构上的纳米线长度为 1 200 nm、Al_2O_3 薄膜厚度 25 nm。

3.2.3 硅基纳微米复合结构形貌

图 3-3(b)是 B 系列硅基纳微米复合结构侧视 SEM 图,很明显,微米金字塔的表面是(111)面,而硅纳米线的生长方向沿着[100]晶向。图 3-3(b)中的插图是硅纳米结构高分辨放大 SEM 侧视图,可以看出,B 系列硅纳米线平均高度大约 550 nm,直径在 70~80 nm 范围内,整体纳米线阵列呈准周期性排列。图 3-3(c)显示了 A 系列 ALD-Al_2O_3 薄膜(400 沉积循环)覆盖的硅基纳微米复合结构的侧视 SEM 图像。得益于前驱体和 Si 基底之间良好的自限制气-固原子层化学反应,ALD-Al_2O_3 薄膜均匀且共形地覆盖在硅基纳微米复合结构的表面,这一点从图 3-3(c) c1 插图中能够清楚地反映出来。我们进一步对 Si/ Al_2O_3 界面进行了微区元素分析,如插图 3-3(c) c2 所示,界面上的主要由 O、Al 和 Si 三种元素组成,它们分别占的原子数目百分比为 67.65%、10.61%和 21.74%。通过微区分析,我们得到的另一重要信息是,硅基纳微米复合结构制备过程中残存的 Ag 已经基本清洗干净,EDS 能谱图上未见相应图谱。

3.3 减反射性能

图 3-4 显示的是硅纳米结构长度和加权积分平均反射率(没有膜层覆盖)随刻蚀时间变化的关系图。注意,平均反射率根据 AM 1.5 太阳谱在 300~1 100 nm 范围内取加权平均,计算公式如下:

$$R_{ave} = \frac{\int_{300}^{1\,100} R(\lambda) \cdot S(\lambda) \cdot d\lambda}{\int_{300}^{1\,100} S(\lambda) \cdot d\lambda} \tag{3-1}$$

$R(\lambda)$ 和 $S(\lambda)$ 分别表示测量的反射谱和 AM 1.5 条件下的光子流密度谱。实际在计算平均反射时,因为我们无法准确写出 $R(\lambda)$ 和 $S(\lambda)$ 的解析函数,一般采用每 5 nm 为一个计算区间,每个区间内 $R(\lambda)$ 和 $S(\lambda)$ 近似为常数,这样计算会带来一些误差,但误差非常小,如果计算区间取得越小,那么算得的平均反射率就越准确。由图 3-4 可以看出,随着刻蚀时间的增长,硅纳米结构长度基本成线性增加,而由此产生的平均反射率 R_{ave} 基本呈线性降低的趋势,这意味着更长的纳米线阵列具有更好的陷光性能,该结论和文献[5]的结论一致。图 3-5 进一步显示了未镀膜 4 个系列硅基纳微米复合结构和纯微米金字塔在 300~

1 100 nm范围内的反射谱对比。非常明显,复合结构的反射率在整个范围内均比纯微米金字塔结构的反射率低,并且随着纳米线的增加(A→D),复合结构的反射率逐渐降低。尤其是,在中、短波段300~600 nm的反射率降低明显优于长波段900~1 100 nm,主要原因在于刻蚀的纳米结构尺度和短波段的光波长更为接近。随着光波长远离硅纳米结构尺度,这种减反射效果变差。

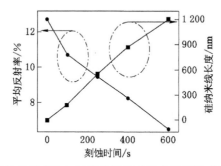

图 3-4 硅纳米结构长度和加权积分平均反射率随刻蚀时间变化的关系图

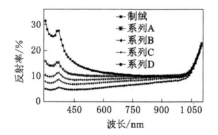

图 3-5 未经钝化的具有 4 种不同长度硅基纳微米复合结构在 300~1 100 nm 范围的
反射谱(微米金字塔制绒反射谱作为参考)

说明:A、B、C 和 D 表示金字塔绒面上分别刻蚀 180 nm、550 nm、870 nm 和 1 200 nm 的纳米线。

下面,我们考察对于同一种纳微米结构,沉积不同的 ALD-Al₂O₃循环数(厚度)后,它们的减反射特性变化,如图 3-6 所示。我们选取 D 系列的硅基纳微米复合结构,具有 4 种厚度 ALD-Al₂O₃的 D-0、D-250、D-400 和 D-500 的在 300~1 100 nm光谱范围内加权积分平均反射率分别为 6.49%、2.63%、1.74% 和 1.94%。可以看出,D-400 样品具有最低的平均反射率。需要注意的是,同没有沉积薄膜的 D-0 样品相比,沉积了 250、400 和 500 个循环的 D-250、D-400 和 D-500样品在大于 600 nm 的长波段表现出了很低的反射率。ALD-Al₂O₃薄膜在长波段表现出的良好减反射能力是非常重要且有用的,因为这正好可以和硅纳米结构在短波段的超低反射率形成互补。因此,将硅纳米结构和 ALD-Al₂O₃薄膜结合,利用它们互补的减反射特性,可以实现在整个波段上的优异陷光效果。

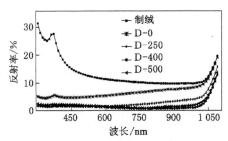

图 3-6　4 种不同厚度 ALD-Al$_2$O$_3$ 覆盖的硅基纳微米复合结构

在 300～1 100 nm 范围的反射谱（微米金字塔制绒反射谱作为参考）

接下来，为了验证以上 ALD-Al$_2$O$_3$ 薄膜和硅基纳微米复合结构互补的减反特性，我们考察同一厚度 ALD-Al$_2$O$_3$ 薄膜覆盖的不同硅基纳微米复合结构在 300～1 100 nm 光谱范围内的反射率，仍旧以纯制绒的反射率作为参考。因为图 3-6 中给出的减反射最优的 ALD-Al$_2$O$_3$ 薄膜厚度为 400 循环，所以，我们测量了 A-400、B-400、C-400 和 D-400 样品的反射谱，如图 3-7 所示。通过反射谱曲线可以看出，由于 ALD-Al$_2$O$_3$ 薄膜和硅基纳微米复合结构互补的减反特性，4 组样品均在短波段和长波段同时大大由于纯微米金字塔的反射率。进一步通过计算加权积分平均反射率和比较得知，D-400 样品具有最低的反射率，特别是在对太阳电池吸收具有重要意义的 300～900 nm 波段，D-400 样品的平均反射率具有超低的 1.38%，这个超低值主要得益于 300～450 nm 波段的 1.64% 和 800～900 nm 波段的 0.85%。同纯微米金字塔在 300～450 nm 波段的反射率相比，D-400 样品的绝对反射率比其低 7.86%，这充分显示了其在高效太阳电池上应用的巨大潜力。为了将这种超低的反射率给读者以视觉上的直观体验，我们将 D-400 样品和纯微米金字塔制绒样品拍成照片比对，如图 3-8 所示，D-400 显示出了全黑的形貌，而且不随角度变化。

3.4　场效应钝化和太阳电池应用

3.4.1　电学特性（少子寿命）

尽管 ALD-Al$_2$O$_3$ 薄膜覆盖的硅基纳微米复合结构展现出了优异的光学性能，但是要实现以这种材料为基础的太阳电池器件的优异输出性能，一个低的表面复合速率是必要的。因此，在本节我们将研究 ALD-Al$_2$O$_3$ 钝化的硅基纳微米复合结构样品的电学钝化特性，而能够反映太阳电池材料电学特性最有代表性

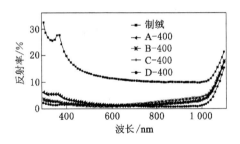

图 3-7 A-400、B-400、C-400 和 D-400 样品在 300～1 100 nm 范围的
反射谱(微米金字塔制绒反射谱作为参考)

说明:A、B、C 和 D 表示金字塔绒面上分别刻蚀为 180 nm、550 nm、870 nm 和 1 200 nm 的纳米线。

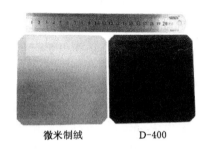

图 3-8 D-400 和微米金字塔制绒样品照片

注:两种样品尺寸均为标准太阳电池尺寸 125 mm×125 mm。

的参数是少子寿命。通常来说,未扩散硅片的有效少子寿命可用如下公式表示:

$$\frac{1}{\tau_{\text{eff}}} = \frac{1}{\tau_{\text{bulk}}} + \frac{S_{\text{eff}}^{\text{F}} + S_{\text{eff}}^{\text{B}}}{d} \tag{3-2}$$

式中,τ_{bulk} 是 Shockley-Read-Hall 寿命即体寿命,$S_{\text{eff}}^{\text{F}}$ 和 $S_{\text{eff}}^{\text{B}}$ 分别表示硅片前表面和后表面的复合速率,d 是硅片厚度。对于具有大的比表面积的硅纳米结构来说,为了考察表面积对复合速率的影响,式(3-2)可以改写为:

$$\frac{1}{\tau_{\text{eff}}} = \frac{1}{\tau_{\text{bulk}}} + \frac{A^{\text{F}}}{A} \cdot S_{\text{loc}}^{\text{F}} \cdot \frac{1}{d} + \frac{S_{\text{eff}}^{\text{B}}}{d} \tag{3-3}$$

式中,$S_{\text{loc}}^{\text{F}} \cdot (A^{\text{F}}/A) = S_{\text{loc}}^{\text{F}} \cdot \alpha = S_{\text{eff}}^{\text{F}}$。$S_{\text{loc}}^{\text{F}}$ 表示前表面上和近表面的复合速率,$\alpha = A^{\text{F}}/A$ 是表面积增强因子。注意,A^{F} 表示硅基纳微米复合结构的前表面面积,它是硅纳米结构的侧面积和纯金字塔表面积 A 之和。下面具体说明表面积增强因子 α 的计算过程。

$$\text{硅纳米线侧面积} = 7.12 \times A \times (L \times 2\pi \times D/2) \tag{3-4}$$

式中,L 是纳米线长度,D 纳米线直径,A 是硅片纯金字塔表面积,7.12 是纳米线面密度(取决于 Ag 颗粒密度,通过 SEM 图像获得)。因此,整个纳米线前端面积为：$A^F =$ 侧面积 $+ A$。根据我们对表面积增强因子的定义可得：

$$\alpha = A^F/A = 1 + 侧面积/A = 1 + 7.12 \times (L \times 2\pi \times D/2) \qquad (3\text{-}5)$$

根据式(3-5)可以计算 A、B、C 和 D 四个系列硅基纳微米复合结构的表面积增强因子。

系列 A：纳米线长度为 180 nm，直径为 300 nm，$\alpha = 2.25$；

系列 B：纳米线长度为 550 nm，直径为 270 nm，$\alpha = 4.31$；

系列 C：纳米线长度为 870 nm，直径为 250 nm，$\alpha = 5.86$；

系列 D：纳米线长度为 1 200 nm，直径为 230 nm，$\alpha = 7.17$。

图 3-9(a) 显示了硅纳米线长度越大，表面积增强因子基本呈线性增加，与此同时，未施加任何钝化措施的硅基纳微米复合结构的少子寿命也越来越低，这和我们之前得到的结果一致。接着，我们系统研究了不同厚度 ALD-Al$_2$O$_3$ 钝化的硅基纳微米复合结构的少子寿命(单面钝化)，如图 3-9(b) 所示。可以看出，对于 A→D 所有的系列，钝化后的少子寿命均比同没有钝化的至少提高一个数量级，这说明 ALD-Al$_2$O$_3$ 的钝化效果非常明显。另外，随着 ALD 薄膜厚度的增加，4 个系列的少子寿命呈现波动性，最大的少子寿命值均出现在 400 个 ALD 循环处，这说明当薄膜厚度为 40 nm 时，对硅基纳微米复合结构的钝化效果最好。在这些最高的少子寿命值中，样品 D-400 的值最高，达到 33.32 μs。注意，这些样品均为单面钝化，少子寿命值均是对整个硅片的 mapping 少子寿命求平均后得出。当 ALD 薄膜厚度继续增加到 70 nm(对应 700 个 ALD 循环)时，所有系列的少子寿命均呈现下降趋势，主要原因是在过厚的 ALD-Al$_2$O$_3$ 薄膜中产生气泡，从而导致少子寿命下降。有趣的是，请注意图 3-9(b) 中椭圆虚线框出来的区域，对于一个固定的 ALD 薄膜厚度，随着硅纳米线长度的增加(A→D)，样品的少子寿命不但没有减小，反而是在增加。这种反常的现象从未被观察到，它和图 3-9(a) 中描述的趋势完全相反。这种随着纳米线长度增加，少子寿命增加(也就是表面复合速率减小)的反常特性，意味着可以同时实现最小的光学反射损失和最低的电学复合损失，从而使器件性能大幅提高。

为了定量描述这种新颖的电学特性带来的低表面复合损失，我们进一步对这 4 个系列硅基纳微米复合结构采用双面、400 个 ALD 循环的钝化，并用 W-2000 对它们 mapping 测量的方式获得了少子寿命值，如图 3-9(c) 所示。可以看出，随着表面积增强因子 α 的变大(硅纳米线长度的增加)，少子寿命呈逐渐增加的趋势，具有最长纳米线的 D-400 样品的整个硅片平均寿命达到了 55.90 μs，并且该硅片上的最大少子寿命值达到 85.94 μs。这个结果进一步印证了上述 ALD-Al$_2$O$_3$ 薄膜钝化的硅基纳微米复合结构这种新颖的电学特性。根据公式(3-4)，我们计算出双面钝化的 A-400、B-400、C-400 和 D-400 样品的表面复合

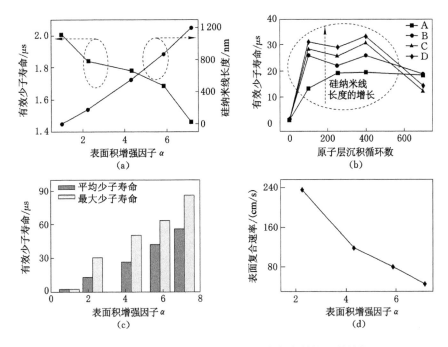

图 3-9　ALD-Al$_2$O$_3$钝化的硅基纳微米复合结构电学特性

(a) 刻蚀的硅纳米线长度和未钝化硅基纳微米复合结构的少子寿命,同表面积增强因子 α 之间的关系;

(b) ALD-Al$_2$O$_3$钝化的硅基纳微米复合结构样品的少子寿命同 ALD 薄膜厚度之间的关系图;

(c) A-400、B-400、C-400 和 D-400 的最大和平均少子寿命柱形图;

(d) 计算出的 A-400、B-400、C-400 和 D-400 表面复合速率

速率分别为 236.63 cm/s、118.43 cm/s、81.35 cm/s 和 44.72 cm/s,如图 3-9(d)所示。注意,实验过程中我们用的是 p 型低质量的太阳级 Cz 硅片,其体寿命为 150.0 μs,厚度为 180 μm。正如图 3-9 中所示,随着表面积增强因子 α 的变大(硅纳米线长度的增加),表面复合速率逐渐降低,具有最大长度纳米线的 D-400 样品显示了 44.72 cm/s 的超低复合速率。这种超低表面复合速率的深层次根源来自哪里呢?我们进一步采用无接触测量方式比较了 D-400 和 ALD-Al$_2$O$_3$ 钝化的平面 Si 的 Corona charge-Voltage 特性,如图 3-10 所示。根据测量,它们的平带电压分别为 2.587 V 和 2.153 V,再由氧化物/半导体的界面固定电荷计算公式(3-6)可以计算得到 D-400 和 ALD-Al$_2$O$_3$ 钝化的平面 Si 的界面固定电荷密度分别为 -3.65×10^{12} cm^{-2} 和 -3.09×10^{12} cm^{-2}。以上得到的强的效应钝化效果和之前的文献中结果完全一致。这两个测量数值可以说明两点:一是 ALD-Al$_2$O$_3$ 对 Si 具有很强的场效应钝化;二是同样的 ALD-Al$_2$O$_3$ 薄膜对硅纳米结构的场钝化效果更强。

$$N_f = \frac{Q_f}{q} = \frac{C_{ox}}{q}(\frac{\varphi_{ms}}{q} - V_{fb}) \tag{3-6}$$

式中，$C_{ox} = e_0 e_{ox}/d$ 为单位电容，d 是氧化物厚度，φ_{ms} 是 Kelvin 探针(Au,5.1 eV)和半导体(Si,4.85 eV)之间的功函数差。

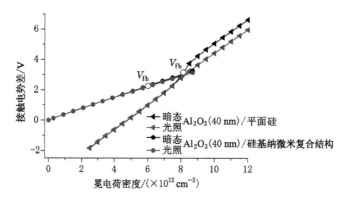

图 3-10　D-400 和 ALD-Al$_2$O$_3$ 钝化的平面 Si 的 Corona charge-Voltage 测试曲线

3.4.2　场效应钝化微观解释

　　为了更深入理解 ALD-Al$_2$O$_3$ 钝化的硅微米结构中强的场效应钝化和少子寿命反常增长特性之间的关系，我们更加详细地研究了硅基纳微米复合结构形貌随刻蚀时间的演化。图 3-11（a）是 A、B、C 和 D 系列的硅基纳微米复合结构形貌俯视 SEM 图，下面是相应的侧面结构示意图。可以看出，随着刻蚀时间的增加，不但硅纳米线长度在增加，而且由于存在横向刻蚀的作用，硅纳米线也变得越来越细；同时，随着刻蚀时间的增加，原来的金字塔表面积(虚线三角形)也越来越小。如前所述，ALD-Al$_2$O$_3$ 场钝化是由界面上那些阻挡少子向界面移动的固定电荷密度决定，场效应钝化的水平可以通过近表面的少子密度(MCD)来描述。因此，我们用 PC1D 软件模拟了在固定电荷密度不变的情况下，硅纳米线直径的变化对 MCD 的影响。PC1D 是一款通过求解准一维的电子和空穴输运方程来模拟一维半导体器件中载流子输运情况的太阳电池模拟软件。我们通过设置硅材料的厚度值为硅纳米线的直径，材料表面加一层固定电荷密度，就可以等效地模拟硅纳米线中 MCD 分布情况。通过此方法，我们模拟了在表面固定电荷密度 -3.09×10^{12} cm^{-2} 不变，A、B、C 和 D 四个系列分别为不同的直径约为 (100 nm、76 nm、66 nm 和 56 nm)的情况下，MCD 的分布情况，如图 3-9（b）所示。模拟结果表明，在固定电荷存在的情况下，MCD 从边缘到纳米线中心呈高斯分布，在纳米线中心 MCD 达到峰值。这些 MCD 峰值浓度相比于不存在表面固定电荷的情况，要小 1 到 2 个数量级。更为重要的是，随着硅纳米线直径的减小,峰值 MCD 在迅速减小,这也就表明:尽管表面固定电荷密度不变,更细的纳米线表现出来的场效应钝化效果仍然在变好。此外,侧面示意图也反映出随着刻蚀时间的增加,金字塔表面积也在减小,因此也会导致更低的表面复合速率。综合以上纳米形貌和微米形貌的变化,最终导致在同种钝化条件下,具有更细更长的纳米线和更小微米金字塔表面积的 D-400 却表现出更强的钝化效果。这也就从微观上解释了 ALD-Al$_2$O$_3$钝化的硅微米结构出现反常电学特性的原因。

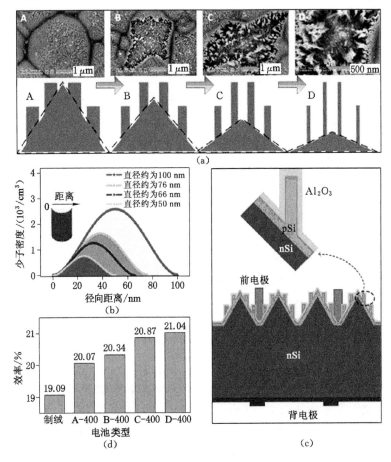

图 3-11　反常电学特性机制及器件结构模拟

(a) 随着刻蚀时间的增加,硅基纳微米复合结构形貌变化图(上方:SEM 俯视图,
下方:侧面结构示意图);(b) 在同一场钝化条件下,PC1D 模拟的 MCD 分布与硅纳米线
直径关系图;(c) ALD-Al$_2$O$_3$钝化的硅基纳微米复合结构太阳电池截面结构示意图
(上方放大图是 p 型发射极结构示意图);(d) PC1D 模拟的 4 个系列硅基纳微米复合结构
太阳电池效率(仅微米制绒的电池效率作为参考)

3.4.3 ALD-Al₂O₃钝化的硅微米结构太阳电池模拟

结合前面光学性能研究,ALD-Al₂O₃钝化的硅微米结构这种新颖的电学特性为同时实现最大的光学增益和最小的电学损失提供了一种可行的方法,同时也预示了它在高效太阳电池、光电探测器或其他光电子器件上的巨大应用潜力。基于此,我们设计了一种硅微米结构高效太阳电池器件,它的基底是 n 型,发射极是 p 型,发射极钝化层为 40 nm 厚的 ALD-Al₂O₃,如图 3-11 (c) 所示。放大的结构示意图说明了 ALD-Al₂O₃钝化的 p 型发射极是由整个 p 型硅纳米线和 p 型微米金字塔表面组成。进一步的,我们继续用 PC1D 软件模拟了这种新型结构太阳电池的输出性能。由于硅基纳微米复合结构不能直接在 PC1D 软件中直接构建,因此我们采用等效的模拟方法,即器件结构不变,但是在参数设置时,将实验测得的硅纳米结构反射谱作为外部文件输入,同时根据我们的实验结果设定表面复合速率和表面场钝化参数,这样可以等效地将器件的输出性能模拟出来。需要注意的是,为了尽量保证模拟的准确性和可靠性,太阳电池的其他参数均从实际产线上的电池获得,具体的参数设置如表 3-1 所列。

表 3-1 硅基纳微米复合结构太阳电池 PC1D 模拟输出参数及输入参数设置

	V_{oc}/V	I_{sc}/A	$FF/\%$	$\eta/\%$	$R_{ave}/\%$	$SRV/(cm/s)$
制绒	0.650	5.912	77.61	19.09	12.71	4 417.6 (2.010 μs)
A-400	0.653	6.101	78.72	20.07	2.64	630.77 (13.029 μs)
B-400	0.655	6.150	78.90	20.34	2.52	406.93 (19.275 μs)
C-400	0.658	6.238	79.45	20.87	2.12	153.48 (42.195 μs)
D-400	0.659	6.264	79.64	21.04	1.74	101.02 (55.895 μs)

模拟的太阳电池效率如图 3-11 (d) 所示,随着纳米线长度的增加,硅基纳微米复合结构太阳电池效率也在增加,D-400 系列太阳电池具有最高的能量转换效率 21.04%,这个效率比纯微米金字塔太阳电池效率绝对地提高了 1.95%,这主要得益于在光学损失和电学损失的同时控制。D-400 太阳电池具有超高的短路电流密度 40.09 mA/cm²(125 mm×125 mm 上短路电流为 6.260 A)、高的开路电压 0.659 V 以及 79.64% 的填充因子。

3.5　本章小结

综上,我们通过两步法 MACE、ALD 沉积 Al₂O₃膜层以及后退火工艺制备了 ALD-Al₂O₃钝化的硅基纳微米复合结构,同时实现了最低的表面反射和最低的表面复合速率。结果表明,由于纳米结构和 ALD-Al₂O₃薄膜在短波段和长波段上的互补减反射作用,这种结构可以实现在宽波段上的超低反射(加权积分平均反射率 1.38%);同时,这种结构由于反常电学特性(更细更长的纳米线具有更低的表面复合速率)的出现,使得具有长纳米线的样品的表面复合速率维持在一个很低的数值(44.72 cm/s)。我们进一步探索了这种反常电学特性的微观机制:一方面,在同一钝化条件下,更细更长的纳米线表现出更高的场效应钝化水平;另一方面,当纳米线变长,微米金字塔表面也在变小,进而对表面复合损失的贡献也在变小。最后,基于这种同时实现的最好光学性能和最好电学性能,我们设计并模拟了 ALD-Al₂O₃钝化的硅基纳微米复合结构高效太阳电池,获得了21.04%的最高能量转换效率。这一研究解决了硅纳米结构需要在光学增益和电学损失之间平衡这一难题,同时也打开了一条实现高效硅纳米结构基太阳电池的宽阔道路。

参考文献

[1] BENICK J,HOEX B,VAN D S M C M,et al. High efficiency n-type Si solar cells on Al₂O₃-passivated boron emitters[J]. Applied Physics Letters,2008,92(25):253504-253506.

[2] BRANZ H M,YOST V E,WARD S,et al. Nanostructured black silicon and the optical reflectance of graded-density surfaces[J]. Applied Physics Letters,2009,94(23):1850.

[3] CASEY H C,FOUNTAIN G G,ALLEY R G,et al. Low interface trap density for remote plasma deposited SiO₂ on n-type GaN[J]. Applied Physics Letters,1996,68(13):1850-1852.

[4] CHEN C,JIA R,LI H F,et al. Electrode-contact enhancement in silicon nanowire-array-textured solar cells[J]. Applied Physics Letters,2011,98(14):143108.

[5] CHEN C,JIA R,YUE H,et al. Silicon nanowire-array-textured solar cells for photovoltaic application[J]. Journal of Applied Physics,2010,108(9):094318.

[6] FANG H,LI X,SONG S,et al. Fabrication of slantingly-aligned silicon nanowire arrays for solar cell applications[J]. Nanotechnology,2008,19(25):255703.

[7] GARNETT E,YANG P D. Light trapping in silicon nanowire solar cells[J]. Nano Letters,2010,10(3):1082-1087.

[8] HAN S E,CHEN G. Optical absorption enhancement in silicon nanohole arrays for solar photovoltaics[J]. Nano Letters,2010,10(3):1012-1015.

[9] HOEX B,SANDEN M C M V D,SCHMIDT J,et al. Surface passivation of phosphorus-diffused n⁺-type emitters by plasma-assisted atomic-layer deposited Al₂O₃[J]. Physica Status Solidi (RRL) - Rapid Research Letters,2012,6(1):4-6.

[10] HU L,CHEN G. Analysis of optical absorption in silicon nanowire arrays for photovoltaic applications[J]. Nano Letters,2007,7(11):3249-3252.

[11] HUANG B R,YANG Y K,LIN T C,et al. A simple and low-cost technique for silicon nanowire arrays based solar cells[J]. Solar Energy Materials and Solar Cells,2012,98: 357-362.

[12] KAYES B M,ATWATER H A,LEWIS N S. Comparison of the device physics principles of planar and radial p-n junction nanorod solar cells[J]. Journal of Applied Physics, 2005,97(11):610-149.

[13] KELZENBERG M D,BOETTCHER S W,PETYKIEWICZ J A,et al. Enhanced absorption and carrier collection in Si wire arrays for photovoltaic applications[J]. Nature Materials,2010,9(3):239-244.

[14] KEMPA T J,TIAN B,KIM D R,et al. Single and tandem axial p-i-n nanowire photovoltaic devices[J]. Nano Letters,2008,8(10):3456-3460.

[15] KIM J Y,KWON M K,LOGEESWARAN V J,et al. Postgrowth in situ chlorine passivation for suppressing surface-dominant transport in silicon nanowire devices[J]. IEEE Transactions on Nanotechnology,2012,11(4):782-787.

[16] KOYNOV S,BRANDT M S,STUTZMANN M. Black nonreflecting silicon surfaces for solar cells[J]. Applied Physics Letters,2006,88(20):203107.

[17] KUMAR D,SRIVASTAVA S K,SINGH P K,et al. Fabrication of silicon nanowire arrays based solar cell with improved performance[J]. Solar Energy Materials and Solar Cells,2011,95(1):215-218.

[18] LEE H,TACHIBANA T,IKENO N,et al. Interface engineering for the passivation of c-Si with O_3-based atomic layer deposited AlO_x for solar cell application[J]. Applied Physics Letters,2012,100(14):143901-143904.

[19] LIN X X,HUA X,HUANG Z G,et al. Realization of high performance silicon nanowire based solar cells with large size[J]. Nanotechnology,2013,24(23):235402.

[20] LIU Y P,LAI T,LI H L,et al. Nanostructure formation and passivation of large-area black silicon for solar cell applications[J]. Small,2012,8(9):1392-1397.

[21] NAUGHTON M J,KEMPA K,REN Z F,et al. Efficient nanocoax-based solar cells[J]. Physica Status Solidi. Rapid Research Letters,2010,4(7):181-183.

[22] NAYAK B K,IYENGAR V V,GUPTA M C. Efficient light trapping in silicon solar cells by ultrafast-laser-induced self-assembled micro/nano structures[J]. Progress in Photovoltaics Research and Applications,2011,19(6):631-639.

[23] OH J,YUAN H C,BRANZ H M. An 18.2%-efficient black-silicon solar cell achieved through control of carrier recombination in nanostructures[J]. Nature Nanotechnology, 2012,7(11):743-748.

[24] PENG K,XU Y,WU Y,et al. Aligned single-crystalline Si nanowire arrays for photovol-

taic applications[J]. Small,2010,1(11):1062-1067.

[25] PENG K Q,LEE S T. Silicon nanowires for photovoltaic solar energy conversion[J]. Advanced Materials,2011,23(2):198-215.

[26] SAINT-CAST P,BENICK J,KANIA D,et al. High-efficiency c-Si solar cells passivated with ALD and PECVD aluminum oxide[J]. IEEE Electron Device Letters,2010,31(7): 695-697.

[27] SHU Q K,WEI J Q,WANG K L,et al. Hybrid heterojunction and photoelectrochemistry solar cell based on silicon nanowires and double-walled carbon nanotubes[J]. Nano Letters,2009,9(12):4338-4342.

[28] STELZNER T,PIETSCH M,ANDRÄ G,et al. Silicon nanowire-based solar cells[J]. Nanotechnology,2008,19(29):295203.

[29] SYU H J,SHIU S C,HUNG Y J,et al. Influences of Si nanowire morphology on its electro-optical properties and applications for hybrid solar cells[J]. Progress in Photovoltaics Research and Applications,2013,21(6):1400-1410.

[30] TERLINDEN N M,DINGEMANS G,VAN DE SANDEN M C M,et al. Role of field-effect on c-Si surface passivation by ultrathin (2 - 20 nm) atomic layer deposited Al₂O₃ [J]. Applied Physics Letters,2010,96(11):112101.

[31] TIAN B,ZHENG X,KEMPA T J,et al. Coaxial silicon nanowires as solar cells and nanoelectronic power sources[J]. Nature,2007,449(7164):885-889.

[32] TOOR F,BRANZ H M,PAGE M R,et al. Multi-scale surface texture to improve blue response of nanoporous black silicon solar cells[J]. Applied Physics Letters,2011,99 (10):103501.

[33] VERMANG B,GOVERDE H,LORENZ A,et al. On the blistering of atomic layer deposited Al2O3 as Si surface passivation[C]// Photovoltaic Specialists Conference,2011.

[34] VERMANG B,GOVERDE H,TOUS L,et al. Approach for Al₂O₃ rear surface passivation of industrial p-type Si PERC above 19％[J]. Progress in Photovoltaics:Research and Applications,2012,20(3):269-273.

[35] WANG J,MOTTAGHIAN S S,BAROUGHI M F. Passivation properties of atomic-layer-deposited hafnium and aluminum oxides on Si surfaces[J]. IEEE Transactions on Electron Devices,2012,59(2):342-348.

[36] WANG X,PENG K Q,PAN X J,et al. High-performance silicon nanowire array photoelectrochemical solar cells through surface passivation and modification[J]. Angewandte Chemie International Edition,2011,50(42):9861-9865.

[37] WERNER F,VEITH B,ZIELKE D,et al. Electronic and chemical properties of the c-Si/ Al₂O₃ interface[J]. Journal of Applied Physics,2011,109(11):3438-332.

[38] WERNER F,VEITH B,TIBA V,et al. Very low surface recombination velocities on p- and n-type c-Si by ultrafast spatial atomic layer deposition of aluminum oxide[J]. Applied

Physics Letters,2010,97(16):162103.

[39] XIE W Q,OH J I,SHEN W Z. Realization of effective light trapping and omnidirectional antireflection in smooth surface silicon nanowire arrays[J]. Nanotechnology,2011,22 (6):065704.

[40] YUAN H C,YOST V E,PAGE M R,et al. Efficient black silicon solar cell with a density-graded nanoporous surface: optical properties, performance limitations, and design rules[J]. Applied Physics Letters,2009,95(12):123501.

[41] ZHU L Q,LI X,YAN Z H,et al. Dual functions of anti-reflectance and surface passivation of the atomic layer deposited Al_2O_3 films on crystalline silicon substrates[J]. IEEE Electron Device Letters,2012,33(12):1753-1755.

4 单晶硅基纳微米复合结构背钝化高效太阳电池

4.1 引言

优异的宽波段光谱响应对提高太阳电池的能量转换效率来说具有重大而又决定性的意义。目前,商业生产的大面积晶硅太阳电池已经显示出良好的中波段(500~800 nm)光谱响应,然而在光谱的两端即短波段和长波段,却表现出并不能令人满意的光谱响应,这主要是因为电池正面仍然具有较高的剩余反射和电池背面来自于铝背场较大的表面复合损失。为了进一步改善电池性能,实现电池在宽波段上的优异光谱响应,有必要对商业晶硅太阳电池的正面和背面分别实施光电性能同时优化。

1989 年,Green 小组通过在电池背表面引入钝化介质膜,成功制备了效率为 22.8%、面积为 4 cm² 的 PERC 背钝化太阳电池,如图 4-1 所示。由于背面介质钝化膜的引入,大大降低了背表面复合速率,实现了电池长波段光谱响应的大大提高。这种提高长波段光谱响应的措施最近被成功应用在大面积(156 mm×156 mm)、大规模、高效(大于 20.0%)PERC 太阳电池商业化生产方面。Dullweber 等采用两种叠层钝化(Al_2O_3/SiN_x 和 SiO_2/SiN_x),基于商业丝网印刷技术,在标准太阳电池尺寸(125 mm×125 mm)硅片上,实现了 19.4% 的高转换效率,其中最主要的贡献来自于太阳电池背表面优异的光谱响应,如图 4-2 所示。

另一方面,硅纳米结构阵列因其几乎不依赖入射角的极低短波段反射率,提供了一种非常有潜力的短波光子收集手段。关于硅纳米结构在短波段的减反射特性,我们在上一章有过具体论述。鉴于硅纳米结构阵列的光学优势,很多作者将其应用在太阳电池器件中,并在太阳电池的性能方面取得了大量的实质性进展。然而,当把这些硅纳米结构阵列太阳电池效率同传统太阳电池相比时,它们的效率并不能令人满意,最主要的原因是尽管硅纳米结构大大提高了表面减反射能力,但是同时大大增加了表面积,引入了大量的表面缺陷使得表面复合损失

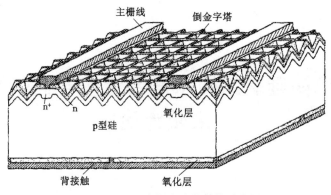

图 4-1　PERC 太阳电池的结构示意图

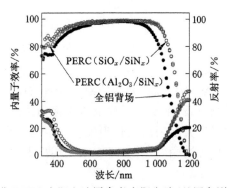

图 4-2　两种叠层钝化 PERC 太阳电池同参考太阳电池(丝网印刷铝背场)*IQE* 的对比

大大增加。因此,在硅纳米结构太阳电池器件中,必须要进行很好的表面钝化,才能充分发挥硅纳米结构阵列的光学优势。通常,钝化效果比较好的措施包括热氧化 SiO_2、PECVD-SiN_x 和原子层沉积(ALD)Al_2O_3 等手段,这些钝化介质膜通过饱和表面悬挂键的化学钝化或者是通过界面上的固定电荷形成场效应钝化,实现表面复合损失的抑制。特别地,我们也可以通过它们的组合实现叠层钝化,如叠层 SiO_2/SiN_x 钝化介质膜可以对硅纳米结构提供非常优异的钝化效果,这主要得益于两种钝化的组合功能:SiO_2 出色的表面钝化和富含 H 原子PECVD-SiN_x:H 优异的体钝化。这种同时的表面和体钝化能够保证硅纳米结构太阳电池器件良好的电学性能。

通过以上分析,可以得出钝化的硅纳米结构阵列和钝化的背表面能够在短波段和长波段提供互补的光谱响应,若两者结合,意味着一种非常有效的实现太阳电池器件在全波段上优异的光谱响应。本书中,我们采用 PECVD-SiO_2/SiN_x叠层介质膜,对硅基纳微米复合结构太阳电池正面和背面同时实施钝化,基于丝网印刷技术,在大面积标准太阳电池尺寸(156 mm×156 mm)实现了 20.0% 的高转换效率。这种硅基纳微米复合结构太阳电池拥有优异的宽光谱响应,成功之处在于 SiO_2/SiN_x 叠层钝化的硅基纳微米复合结构发射极在短波光谱响应和 SiO_2/SiN_x 叠层钝化的电池背面在长波光谱响应的同时提高。我们提出的这种新型器件结构和技术为硅纳米结构太阳电池向高效化和规模化生产开辟了一条广阔的道路。

4.2　器件结构设计

硅基纳微米复合结构太阳电池器件结构设计,如图 4-3（a）所示。下面,我们分为电池正面结构和背面结构两方面,分别阐述这种设计的优势。

（1）电池正面发射极结构放大示意图如 4-3（b）所示,硅基纳微米复合结构 n^+ 发射极上面覆盖叠层钝化介质膜 PECVD-SiO_2/SiN_x。这种设计的优势是:硅基纳微米复合结构保证了太阳电池极低的表面反射,同时叠层钝化膜为 n^+ 发射极提供了优异的表面和体钝化,以有效抑制硅基纳微米复合结构发射极的表面和俄歇复合。

（2）电池背面结构（又叫背反射器）放大示意图如图 4-3（c）所示,背反射器由内层的 PECVD-SiO_2 层、外层的 PECVD-SiN_x 层以及丝网印刷背铝组成。这种背面叠层钝化的设计可以在电学上充分保证背表面的良好钝化,使得背表面复合速率大大降低;同时,在光学设计方面,在保持背面良好的电学钝化性能前提下,为提高背反射器在长波段的内背反射率、优化电池长波段光谱响应提供更多的设计变量（每层膜的厚度 d 和折射率 n）。

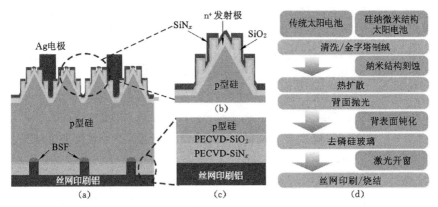

图 4-3　硅基纳微米复合结构太阳电池结构设计和工艺流程

（a）硅基纳微米复合结构太阳电池截面结构示意图;（b）叠层钝化硅基纳微米复合结构 n^+ 发射极放大示意图;（c）叠层钝化的背反射器放大示意图;（d）硅基纳微米复合结构太阳电池制备工艺流程

综上,这种新颖结构的太阳电池专门针对短波段和长波段光谱响应进行的正面和背面光电设计,预示了电池在宽波段上的优异光谱响应,进而使电池实现高转换效率成为可能。

4.3　实验制备

图 4-3(d)显示了硅基纳微米复合结构太阳电池制备工艺流程,并和传统单晶硅太阳电池制备工艺做了比较。本书中,我们采用 p 型(100)面切割的、156 mm×156 mm尺寸(赝平方)、太阳级的 Cz 硅片,硅片厚度为$(190\pm10)\mu m$,电阻率约为 $2\ \Omega\cdot cm$。制备过程如下:

(1) 将原硅片进行标准工艺清洗,洗净后用 80 ℃的 NaOH 溶液进行各向异性刻蚀,制备微米金字塔绒面结构。

(2) n^+发射极制备,对于硅基纳微米复合结构太阳电池,需要在微米制绒的基础上,在 HF(4 mol/L)/$AgNO_3$(0.05 mol/L)混合液中,采用一步法 MACE 在微米金字塔表面刻蚀纳米结构,再用 HNO_3溶液将残余的银清洗干净,吹干后将带有硅基纳微米复合结构的硅片放进石英扩散管中(M5111-4WL/UM, CETC 48th Research Institute),在 800 ℃的条件下,采用 $PClO_3$热扩散的方法扩散 40 min,在硅片表面形成硅基纳微米复合结构 n^+发射极;对于传统太阳电池,直接将硅片放进扩散石英管中,在 800 ℃的条件下,采用 $PClO_3$热扩散的方法扩散 40 min,在硅片表面形成 n^+发射极,经过四探针测试仪,扩散后的方阻在 $85\sim87\ \Omega/\square$。

(3) 硅片背面经过碱工艺抛光后,用 PECVD 化学沉积方法(M82200-6/ UM,CETC 48th Research Institute),在硅片背表面沉积叠层钝化膜 SiO_2/SiN_x,沉积温度为 450 ℃,沉积时间为 60 min,SiO_2沉积源为 NO 和 SiH_4,SiN_x沉积源为 NH_4和 SiH_4。注:传统太阳电池不经过此步骤。

(4) 将正面的磷硅玻璃用 5%的稀 HF 溶液去掉后,继续用 PECVD 化学沉积方法(M82200-6/UM,CETC 48th Research Institute),在硅片正面沉积叠层钝化膜 SiO_2/SiN_x,沉积温度为 450 ℃,沉积时间为 60 min,SiO_2沉积源为 NO 和 SiH_4,SiN_x沉积源为 NH_4和 SiH_4。注:硅基纳微米复合结构太阳电池和传统太阳电池在此步骤采用同样的工艺;硅基纳微米复合结构太阳电池正面和背面均为 SiO_2/SiN_x叠层钝化膜,但是 SiO_2和 SiN_x的膜层厚度不同,关于这一点在正文中将有详细介绍。

(5) 在硅基纳微米复合结构太阳电池背面,采用波长 532 nm、脉冲宽度 10 ps的激光(DR-LA-Y40,DR Laser),在 SiO_2/SiN_x叠层钝化膜上形成 50 μm

宽、1 mm 周期的线状开口。注:传统太阳电池不经过此道工艺。

　　(6) 两种电池均通过丝网印刷工艺(PV1200,DEK),印刷正面银电极、背电极以及背面铝浆,再经过烧结(CF-Series,Despatch),形成正面、背面欧姆接触以及铝背场。

　　硅基纳微米复合结构的形貌通过场发射扫描电镜 SEM(Ultra Plus,Zeiss)来表征。钝化后的硅片有效少子寿命通过微波光电导衰减法(WT-1200 A SEMILAB)测量,发射极面扫描 mapping 饱和电流密度通过准稳态微波光电导衰减法(PV2000,SEMILAB)测量。样品的红外吸收谱通过傅立叶红外变换(FTIR)光谱仪(Nexus 870,Nicolet)测定。样品界面缺陷态密度 D_{it} 通过 Coronal charge-Voltage曲线(PV2000,SEMILAB)计算出来。太阳电池的内量子效率 IQE、外量子效率 EQE 和反射谱通过 QE 测试平台(QEX10,PV Measurements)获得。太阳电池的电学参数通过 I-V 系统(Y05-1/UM,CETC 48th Research Institute)测试获得,测试条件:25 ℃,AM 1.5 标准测试条件。最后,具有最高效率的硅基纳微米复合结构太阳电池性能由第三方测试机构 TÜV 莱茵公司独立认证。

4.4　短波段光学和电学性能

　　电池器件的短波段光学和电学特性主要由电池前表面的结构、材料以及工艺决定。因此,本节主要讨论电池前表面的硅基纳微米复合结构、薄膜钝化以及发射极特性,进而得出电池器件的短波段光、电特性。图 4-4(a)是硅基纳微米复合结构的截面 SEM 图,可以看出,复合结构是由微米金字塔和硅纳米线组成,微米金字塔表面沿 Si(111)面,而硅纳米线的生长方向沿 Si<100>晶向。我们也注意到,硅纳米线的刻蚀速率在金字塔的顶部和底部是不同的,顶部的纳米线长度大于底部的,说明沿着底部到顶部的方向,硅纳米线的刻蚀速率逐渐增长。从硅基纳微米复合结构的俯视 SEM 图[图 4-4(b)]来看,这种顶部和底部的刻蚀速率的差别也很明显。微米结构上硅纳米线长度的变化可以产生更好的减反射效果,可以归因于一种折射率渐变的减反射结构。通过 SEM 图,得到硅纳米线的平均长度约为 80 nm,硅纳米线的直径约为 60 nm。在刻蚀时间增加时,SEM 图也显示出硅纳米线的平均长度在线性增加,这个结果同我们之前的研究是一致的。

　　通常来说,商业晶硅太阳电池的表面钝化通过 PECVD-SiN$_x$:H 薄膜实现,沉积厚度约为 80 nm,它的主要作用有两个:① 光学方面,通过与微米金字塔联合,极大地降低表面反射;② 电学方法,通过沉积过程中产生的大量 H 原子,实现良好表面钝化和体钝化，大大抑制表面复合和俄歇复合。正如前面所述，叠层薄膜 PECVD-SiO$_2$/SiN$_x$ 可以提供一种比 PECVD-SiN$_x$：H 更好的钝化，它结合了 SiO$_2$ 的优异表面钝化和 SiN$_x$ 的良好体钝化。因此，本书中我们在硅基纳微米复合结构 n$^+$ 发射极表面，用 PECVD 的方法连续沉积 SiO$_2$ 和 SiN$_x$ 薄膜，实施叠层钝化。图 4-4（c）是 PECVD-SiO$_2$/SiN$_x$ 钝化的硅基纳微米复合结构的发射极俯视 SEM 图。叠层钝化膜内层的 SiO$_2$ 薄膜非常薄，约为 10 nm，外层的 SiN$_x$ 薄膜厚度约为 70 nm。

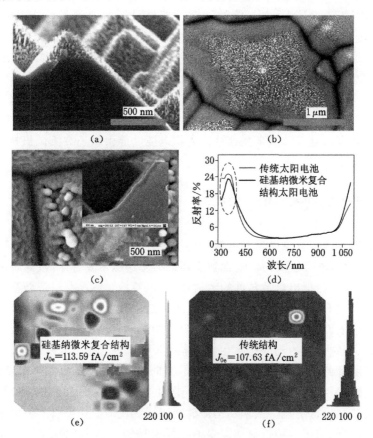

图 4-4　硅基纳微米复合结构的形貌、光学和电学特性

（a）硅基纳微米复合结构的截面 SEM 图；（b）硅基纳微米复合结构的俯视 SEM 图；

（c）SiO$_2$/SiN$_x$（PECVD）叠层膜覆盖的硅基纳微米复合结构的俯视和截面 SEM 图；

（d）相比于传统微米金字塔，纳微米复合结构在短波段的减反优势；

（e）硅基纳微米复合结构 n$^+$ 发射极饱和电流密度（平均值 113.59 fA/cm^2）面扫描 mapping 图；

（f）传统微米金字塔 n$^+$ 发射极饱和电流密度（平均值 107.63 fA/cm^2）面扫描 mapping 图

现在,我们将注意力集中到 PECVD-SiO$_2$/SiN$_x$ 覆盖的硅基纳微米复合结构的短波光学特性研究上。图 4-4(d) 显示了均为 SiO$_2$/SiN$_x$ 覆盖的硅基纳微米复合结构和金字塔的反射谱对比图,这种对比真实反映了它们对应的太阳电池器件的表面反射对比。通过图中虚线框内的短波段光谱范围(300~420 nm),可以看出硅基纳微米复合结构的减反射能力优于传统微米金字塔结构。正如在我们以前的研究中所讨论的,优于硅基纳微米复合结构和叠层钝化膜的联合减反射作用,使得它在短波段的减反射优势明显,这为电池器件获得良好的量子效率提供了优良的先决条件。尽管在 420~500 nm 波长范围内这种结构的减反射效果还没有传统微米金字塔结构好,这主要是由于结构和薄膜厚度不匹配引起的,但是可以通过外层 SiN$_x$ 薄膜厚度调整来解决,本书中将不再继续优化。

在太阳电池器件中,n$^+$ 发射极的电学特性对器件最终的短波光谱响应的好坏起着决定性的作用。因此,为了保证硅基纳微米复合结构 n$^+$ 发射极具有不错的电学特性,我们采取了强有力的钝化措施 PECVD-SiO$_2$/SiN$_x$ 叠层钝化,这种钝化同时保证了 SiO$_2$ 优异的表面钝化作用和 SiN$_x$ 良好的体钝化作用。叠层钝化膜的具体厚度:内层的 SiO$_2$ 薄膜非常薄,大约 10 nm,外层的 SiN$_x$ 薄膜大约 70 nm。SiO$_2$ 薄膜不能太厚,太厚的薄膜会阻挡 SiN$_x$ 沉积过程的 H 原子扩散到体硅内,降低 SiN$_x$ 的体钝化作用;当然也不能太薄,太薄的 SiO$_2$ 薄膜起不到应有的表面钝化效果。通常地,对于已经扩散形成 p-n 结并钝化的 n$^+$ 发射极,我们一般用发射极饱和电流密度 J_{0e} 来描述其电学性能好坏,J_{0e} 越小,发射极电学性能越好。J_{0e} 与少子寿命、材料参数等之间的关系可用如下公式表达:

$$\frac{1}{\tau_{eff}} - \frac{1}{\tau_{Auger}} = \frac{1}{\tau_{SRH}} + (J_{0e(front)} + J_{0e(back)})\frac{N_A + \Delta n}{q n_i^2 d} \tag{4-1}$$

式中,τ_{eff},τ_{Auger} 和 τ_{SRH} 分别是有效少子寿命、俄歇复合寿命和仅仅考虑 Shockley-Read-Hall (SRH)复合的体寿命。N_A 是 p 型基底的掺杂浓度,Δn 是过剩载流子浓度,q 为电子电荷,n_i 是本征载流子浓度。对于较好的材料品质来说,一般可忽略样品的体内饱和电流,所以整个样品的饱和电流密度 $J_{0e} = J_{0e(front)} + J_{0e(back)}$,$J_{0e(front)}$ 和 $J_{0e(back)}$ 分别是样品前表面和背表面饱和电流密度。通过上式可以看出,在材料参数确定的情况下,J_{0e} 主要取决于样品的表面复合、俄歇复合和体复合。因此,要获得 J_{0e} 的具体数值,必须通过仪器测量样品的 τ_{eff} 和 τ_{SRH} 并估算出 τ_{Auger},再将材料的参数和测量少子寿命时的注入浓度 Δn 代入,计算出 J_{0e} 的值。在本书中,我们用 Semilab 的 PV-2000 测试系统,采用整个样品面扫描 mapping 的方式,测量了样品的发射极饱和电流密度。注:样品的制备采用双面对称扩散（方阻约为 87 $\Omega/\square$）和双面对称钝化（SiO_2/SiN_x 叠层钝化），这样可以保证 $J_{0e(front)} = J_{0e(back)}$。测量结果如图 4-4（e）、（f）所示，图 4-4（e）是硅基纳微米复合结构 n^+ 发射极饱和电流密度 mapping 图，整个表面的饱和电流密度均匀性较好，极个别区域可能是因为纳米结构刻蚀和扩散过程导致一定程度的不均匀，整个样品 J_{0e} 平均值为 113.59 fA/cm^2。图 4-4（f）是传统微米结构 n^+ 发射极饱和电流密度 mapping 图，整个表面均匀性略好于硅纳微结构的原因是该样品并未经过硅纳米结构刻蚀工艺，整个样品 J_{0e} 平均值为 107.63 fA/cm^2。通过上两图的 J_{0e} 比较，可以看出叠层钝化的硅基纳微米复合结构 n^+ 发射极比传统微米结构的电学特性稍差，但两者基本维持在同一钝化水平，并且两者均比单层 SiN_x 膜钝化的 n^+ 微米结构发射极的 J_{0e} 值（约为 200 fA/cm^2）小。这足以说明叠层钝化膜 SiO_2/SiN_x 比单层 SiN_x 钝化膜的钝化特性优异，并且足以抑制硅基纳微米复合结构带来的大的表面复合损失。

为了估计 J_{0e} 在太阳电池总的二极管饱和电流密度 J_0 中所占的比重，我们通过测量的开路电压 V_{oc} 和短路电流 J_{sc} 以及式（4-2），可以估算出 J_0 的值。

$$J_0 = J_{sc}/\left[\exp\left(\frac{qV_{oc}}{kT}\right) - 1\right] \qquad (4-2)$$

式中，kT/q 为热电压常数（25.963 mV，25 ℃），T 是绝对温度。制备的硅基纳微米复合结构太阳电池 V_{oc} 和 J_{sc} 的值分别为 0.653 V 和 9.484 A，根据式（4-2），可以得到 $J_0 = 357.15$ fA/cm^2。可以看出，硅基纳微米复合结构发射极饱和电流密度 J_{0e}（113.59 fA/cm^2）远小于整个器件的二极管饱和电流密度。这说明电池器件的后续工艺引起了较大的饱和电流，从而导致电学性能下降。更重要的是，这也从另一个侧面说明叠层 SiO_2/SiN_x 钝化的硅基纳微米复合结构应用在太阳电池中是非常可行的。

根据以上分析，叠层 SiO_2/SiN_x 钝化的硅基纳微米复合结构提升的短波光学增益和减小的发射极电学损失，有力地预言了这种结构在电池器件中将会产生优异的短波光谱响应，这一点我们将在电池器件性能分析中讨论。

4.5　长波段光学和电学性能

背反射器的整体结构在图 4-3(c) 中已详细说明。图 4-5(b) 是背反射器的截面 SEM 图，图中显示了背面叠层钝化膜 SiO_2 和 SiN_x 的厚度分别约为 25 nm 和 250 nm。下面，首先分析背反射器在长波段的光学性能。长波段内背反射率 R_{IRR} 是描述背反射器的重要参数，一个增加的 R_{IRR} 意味着长波段光子在 Si 体内更多的吸收,原因是在铝背场内更少的损失和 Si 体内更长的传播路径。因此,高的 R_{IRR} 意味着高的长波段量子效率 QE,即好的长波段光谱响应。为了更好地理解 R_{IRR},我们基于漫散射的 Lambertian 模型,推导 R_{IRR} 从测量的反射谱中如何抽取的过程。图 4-5(a)说明了电池的 Lambertian 陷光方案示意图,前表面是硅基纳微米复合结构的随机散射,背表面是背反射器的镜面反射。根据 Gee 的方法,时间测量的半球反射率可表达如下:

$$R_{measure} = \frac{\Phi_{in}R_{fe} + \Phi_{in}R' + \Phi_{in}R'' + \Phi_{in}R''' + \cdots}{\Phi_{in}} = R_{fe} + R' + R'' + R''' + \cdots \quad (4\text{-}3)$$

$$R' = (1-R_{fe})(1-R_{fi})T^2R_{IRR} \quad (4\text{-}4)$$

$$R'' = (1-R_{fe})(1-R_{fi})(T^2R_{IRR})(T^2R_{IRR}R_{fi}) \quad (4\text{-}5)$$

$$R''' = (1-R_{fe})(1-R_{fi})(T^2R_{IRR})(T^2R_{IRR}R_{fi})^2 \quad (4\text{-}6)$$

式中,Φ_{in} 为在前表面上的入射光通量,R_{fe} 和 R_{fi} 分别是前表面上的内部和外部反射率,T 和 R_{IRR} 分别是 Si 的体透射系数和背表面上的内被反射率。$R',R'',R'''\cdots$ 组成了一个等比数列,等比公因子为 $T^2R_{IRR}R_{fi}$,因此公式(4-3)可进一步改写为:

$$R_{measure} = R_{fe} + \frac{(1-R_{fe})(1-R_{fi})T^2R_{IRR}}{1-T^2R_{IRR}R_{fi}} \quad (4\text{-}7)$$

假设长波段体透射系数 $T=1$,则有:

$$R_{IRR} = \frac{R_{measure} - R_{fe}}{(1-R_{fe})(1-R_{fi}) + (R_{measure} - R_{fe})R_{fi}} \quad (4\text{-}8)$$

式中,R_{fe} 在 950～1 200 nm 波长范围的值可以通过 $R_{measure}$ 在 700～950 nm 波长范围值的线性拟合来获得,R_{fi} 在 Lambertian 模型中可估计为一个常数值 0.92。这样,通过式(4-8)以及一系列辅助的实验测试和数值拟合,我们可以得到背反射器的内背反射率 R_{IRR}。图 4-5(c)显示了硅基纳微米复合结构太阳电池与传统太阳电池在 950～1 200 nm 波长范围内的 R_{IRR} 对比关系。很明显,由于在背面 Si 基底和铝背场之间叠层钝化膜的引入,使硅基纳微米复合结构太阳电池长波段 R_{IRR} 大大高于传统铝背场太阳电池,这无疑为增加硅基纳微米复合结构太阳电池长波量子效率提供了优异的光学基础。需要注意的是,内背反射率的增加不但会引起 Si 体内吸收的增加,也会引起 $R_{measure}$ 在长波段值的增加。

以上调查了长波段光学特性,下面研究叠层 SiO_2/SiN_x 钝化硅片的电学特性。图 4-5(d)显示了叠层 SiO_2/SiN_x 钝化硅片的有效少子寿命随注入浓度 Δn 的变化关系,四条曲线分别代表样品经过 425 ℃、625 ℃、725 ℃ 和 825 ℃ 四种不同的退火条件,退火时间为 5 min,退火气氛(大气)均相同,最下面的曲线是作为参考的未退火样品曲线。注:所有样品均在抛光的硅片上进行双面对称叠层 SiO_2/SiN_x 钝化膜沉积,沉积工艺与最后做成电池的背表面钝化工艺完全一致。我们注意到,刚沉积好钝化膜未经退火样品在一个太阳注入浓度(1.2×10^{15} cm^{-3})下,少子寿命为 22 μs,这个值比单层 SiN$_x$ 薄膜钝化样品的 15 μs 高得多,说明了叠层钝化比单层钝化具有更好的钝化效果。更重要的是,在经过退火工艺后,少子寿命大大增加了。当退火温度从 425 ℃上升到 725 ℃时,在所有从 0~18 个太阳注入浓度下,样品均表现出 τ_{eff} 的增加趋势,τ_{eff} 的最大值(142 μs)出现在 725 ℃退火条件样品中,此时注入浓度大约 4.5 个太阳。进一步,我们根据表面复合速率同有效少子寿命之间的关系式 $1/\tau_{eff} = 1/\tau_{bulk} + 2S_{eff}/d$,计算得此时的表面复合速率为 18.3 cm/s,这个极低的表面复合速率说明了叠层钝化膜对太阳级硅片的优异钝化效果。另外,当退火温度再往上增加到 825 ℃时,τ_{eff} 反而下降。需要注意的是,在 625~825 ℃范围内,样品的少子寿命表现良好,而电池的烧结工艺基本在这个温度范围内,因此,钝化后的退火工艺可以完全同烧结工艺合并。

为了进一步理解退火工艺对表面改性的影响,我们比较了 725 ℃退火条件下样品和未退火样品的 FTIR 吸收谱,如图 4-5(e)所示。FTIR 吸收显示了 Si—N、Si—O、Si—H 和 N—H 键分别对应着约 840 cm^{-1}、1 070 cm^{-1}、2 200 cm^{-1} 和 3 340 cm^{-1} 的伸缩吸收峰。可以看到,725 ℃退火条件下样品的 Si—N 和 Si—O 键密度明显比未退火样品增加,而 Si—H 键密度略微降低。Si—O 和 Si—H 键密度增加意味着 Si/SiO$_2$ 界面上悬挂键数目的减少,必定产生更好的钝化效果。Si—N 键密度的增加意味着薄膜更加致密的结构,这可以有效阻止 H 原子从薄膜外部逸出,更有利于 H 原子进入 Si 体内,起到钝化作用。当然,当退火温度过高时,Si—H 和 N—H 键中的 H 原子脱离,并从 Si 体、界面和薄膜内逸出到外部环境中,降低了钝化效果,这也解释了过高的退火温度使得样品少子寿命降低。

另外,退火后样品钝化效果的增强也可以通过界面缺陷态 D_{it} 值的降低来定量地反映出来。界面缺陷态 D_{it} 可以通过无接触式的 Corona charge-Voltage 测试曲线计算出来。D_{it} 具体的表达式为 $D_{it} = \Delta Q_{it}/\Delta V_{sb}$,其中 ΔQ_{it} 和 ΔV_{sb} 分别为光照和暗态条件下得到的界面态电荷差和平带电压差,这些值可以通过 Corona charge-Voltage 曲线读取出来。由图 4-5(f)可以得到,725 ℃退火样品的 ΔQ_{it} 和 ΔV_{sb} 分别为 1.31×10^{11} q/cm^2 和 0.271 V,未退火样品的 ΔQ_{it} 和 ΔV_{sb} 分别为 4.52×10^{11} q/cm^2 和 0.454 V。它们的界面缺陷态密度 D_{it} 分别为 4.85×10^{11} cm$^{-2} \cdot$ eV^{-1} 和 9.92×10^{11} cm$^{-2} \cdot$ eV^{-1},725 ℃退火样品的 D_{it} 大大低于未退火样品。这说明退火工艺可以通过增加界面上 Si—O 和 Si—H 键密度,大大降低表面缺陷态,提高钝化效果,这也和 FTIR 的结果是一致的。

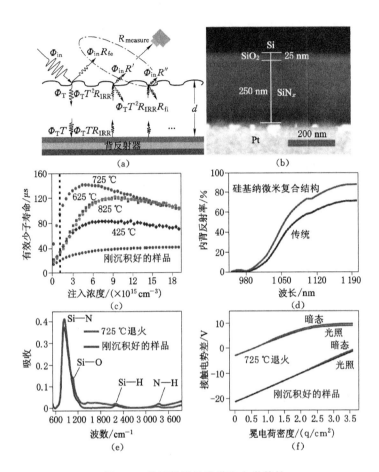

图 4-5　背反射器的光学和电学特性

(a) 电池的 Lambertian 陷光方案示意图；(b) 叠层 SiO₂/SiNₓ(PECVD)覆盖的背表面面截面 SEM 示意图；

(c) 硅基纳微米复合结构太阳电池与传统太阳电池的长波段内背反射率 R_{IRR}对比图；

(d) 不同退火条件下，叠层钝化样品的 τ_{eff}随注入浓度 Δn 变化关系图(竖直虚线对应一个太阳注入浓度)；

(e) 725 ℃退火与未退火样品 FTIR 吸收谱对比；(f) 725 ℃退火与未退火样品的

Coronal charges-Voltage 曲线对比(均在光照和暗态两种条件下测试)

4.6　单晶硅基纳微米复合结构太阳电池优异宽光谱响应

在上面两节中，我们分别研究了叠层钝化的正面硅基纳微米复合结构和背反射器的光学、电学特性，并得到它们比传统太阳电池的正面、背面在短波和长波段的优势。基于此，我们制备了硅基纳微米复合结构太阳电池。

为了说明这种新型太阳电池在光谱响应上的优势，我们首先将这种电池的内量子效率 IQE、外量子效率 EQE 以及反射谱与传统太阳电池做了比较，如图 4-6(a)、(b)所示。首先，在短波段，硅基纳微米复合结构比传统微米金字塔展现出了更低的表面反射，然而做成电池器件的 IQE 却比传统微米金字塔电池 IQE 在短波段略低，如图 4-6(a)所示，这和正面饱和电流分析结果一致。基于另外一项关于硅基纳微米复合结构的优化工作，我们在本书中直接采用最优的硅基纳微米形貌结构，加上 PECVD-SiO$_2$/SiN$_x$ 叠层薄膜的超强钝化作用，实现了硅基纳微米复合结构太阳电池在短波段外量子效率 EQE 的提升，如图 4-6(b)所示。这说明在短波段，由硅基纳微米复合结构的引入而带来的光学增益超过了由它带来的电学复合损失。其次，在 $420\sim500$ nm 波长范围内，硅基纳微米复合结构太阳电池 EQE 稍有下降，这主要是由于硅基纳微米复合结构与叠层钝化膜厚度的失配引起的，关于这一点，我们在将来的工作中可以进一步优化。最后，在长波段，由于硅基纳微米复合结构太阳电池在背面采用叠层 PECVD-SiO$_2$/SiN$_x$ 钝化，使得电池的内背反射率 R_{IRR} 和表面复合速率均优于传统太阳电池，表现出来就是长波表面反射和电池 IQE 均比传统太阳电池高，自然而然地，电池的 EQE 也就比传统太阳电池的 EQE 有了大幅提高。综合以上，硅基纳微米复合结构太阳电池实现了在宽波段上的优异光谱响应。

表 4-1 详细列出了硅基纳微米复合结构太阳电池和传统太阳电池的输出性能参数。通过两者的比较可以得到，硅基纳微米复合结构太阳电池性能全面超越了传统太阳电池。首先，硅基纳微米复合结构太阳电池平均短路电流 $I_{sc}=9.310$ A，比传统太阳电池的 9.064 A 高出了 0.246 A，这得益于电池正面硅基纳微米复合结构短波段的反射能力提高和电池背面叠层钝化膜引起的内背反射率的提高。其次，硅基纳微米复合结构太阳电池平均开路电压 $V_{oc}=0.649$ V，最高的 V_{oc} 值达到了 0.653 V，比传统太阳电池高出 10 mV。开路电压的大幅提高主要来自于 PECVD-SiO$_2$/SiN$_x$ 叠层钝化膜对电池正面和背面的同时钝化，大大抑制了电池在正面和背面的复合损失。最后，基于短路电流和开路电压的大幅提高，我们成功实现了高性能硅基纳微米复合结构太阳电池 20.0% 的能量转换效率，电池开路电压 V_{oc} 高达 0.653 V，短路电流 I_{sc} 达到 9.484 A，电池的 I-V 和 P-V 曲线如图 4-6(c)所示。电池输出参数经第三方测试机构 TÜV 莱茵独立认证，电池的正面和背面实物图如图 4-6(d)、(e)所示。

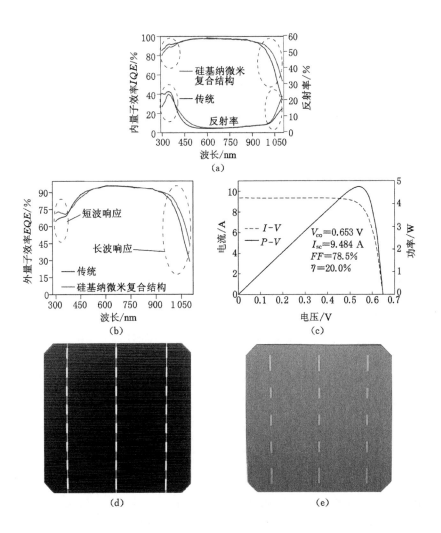

图 4-6 转换效率为 20.0% 的硅基纳微米复合结构太阳电池优异宽光谱响应

(a) 硅基纳微米复合结构太阳电池 IQE 和反射谱同传统太阳电池的比较；

(b) 硅基纳微米复合结构太阳电池 EQE 同传统太阳电池的比较；

(c) TÜV 莱茵认证 20.0% 效率的硅基纳微米复合结构太阳电池 I-V 和 P-V 曲线；

(d) 硅基纳微米复合结构太阳电池正面(156 mm×156 mm)实物图；

(e) 硅基纳微米复合结构太阳电池背面(156 mm×156 mm)实物图

表 4-1　　硅基纳微米复合结构太阳电池性能同传统太阳电池性能对比

电池类型 (156 mm×156 mm)		输出性能			
		I_{sc}/A	V_{oc}/V	$FF/\%$	$\eta/\%$
硅基纳微米复合 结构太阳电池	平均	9.310	0.649	79.65	19.8
	最好	9.484	0.653	78.50	20.0
传统太阳 电池	平均	9.064	0.639	80.16	19.1
	最好	9.063	0.641	80.33	19.2

4.7　本章小结

　　综上,我们提出了一种新颖的同时钝化硅基纳微米复合结构发射极和背表面的电池结构,并基于丝网印刷技术成功在大面积 156 mm×156 mm 上制备了 20.0% 效率的硅基纳微米复合结构高效太阳电池。我们通过对电池正面和背面同时实施 PECVD-SiO_2/SiN_x 叠层钝化,和传统太阳电池相比,这种新型电池具有更好的短波减反射能力、更好的发射极复合损失抑制($J_{oe}=113.59$ fA/cm^2)、更高的内背反射率 R_{IRR} 以及更低的表面复合速率(18.3 cm/s)。得益于电池在正面(短波段)和背面(长波段)光学和电学性能的改进,硅基纳微米复合结构太阳电池拥有在宽波段上的优异光谱响应。最后,我们实现了 20.0% 的高转换效率、0.653 V 的高开路电压和 9.484 A 的大短路电流。

参考文献

[1] ABERLE A,WARTA W,KNOBLOCH J,et al. Surface passivation of high efficiency silicon solar cells[C]// Photovoltaic Specialists Conference,1990.

[2] BLAKERS A W,WANG A,MILNE A M,et al. 22.8% efficientsilicon solar cell[J]. Applied Physics Letters,1989,55(13): 1363-1365.

[3] BRANZ H M, YOST V E,WARD S,et al. Nanostructured black silicon and the optical reflectance of graded-density surfaces[J]. Applied Physics Letters,2009,94(23):1850.

[4] CHOI G,BALAJI N,PARK C,et al. Optimization of PECVD-ONO rear surface passivation layer through improved electrical property and thermal stability[J]. Vacuum,2014, 101(Special I):22-26.

[5] DULLWEBER T,GATZ S,HANNEBAUER H,et al. Towards 20% efficient large-area screen-printed rear-passivated silicon solar cells[J]. Progress in Photovoltaics,2012,20 (6):630-638.

［6］ GEE J M. The effect of parasitic absorption losses on light trapping in thin silicon solar cells［C］// Photovoltaic Specialists Conference,1988.

［7］ GREEN M A. Lambertian light trapping in textured solar cells and light-emitting diodes: analytical solutions［J］. Progress in Photovoltaics Researchand Applications,2010,10(4): 235-241.

［8］ GREEN M A. The Passivated Emitter and Rear Cell（PERC）: from conception to massproduction［J］. Solar Energy Materials and Solar Cells,2015,143:190-197.

［9］ GREEN M A. The path to 25% silicon solar cell efficiency: history of silicon cell evolution［J］. Progress in Photovoltaics Research and Applications,2010,17(3):183-189.

［10］ HUANG Z,ZHONG S,HUA X,et al. An effective way to simultaneous realization of excellent optical and electrical performance in large-scale Si nano/microstructures［J］. Progress in Photovoltaics: Research and Applications,2015,23(8):964-972.

［11］ HUANG Z G,LIN X X,ZENG Y,et al. One-step-MACE nano/microstructures for high-efficient large-size multicrystalline Si solar cells［J］. Solar Energy Materialsand Solar Cells,2015,143:302-310.

［12］ KOYNOV S,BRANDT M S,STUTZMANN M. Black nonreflecting silicon surfaces for solar cells［J］. Applied Physics Letters,2006,88(20):203107.

［13］ LAUINGER T,SCHMIDT J,ABERLE A G,et al. Record low surface recombination velocities on 1 Ω·cm p-silicon using remote plasma silicon nitride passivation［J］. Applied Physics Letters,1996,68(9): 1232-1234.

［14］ LEGUIJT C,LÖLGEN P,EIKELBOOM J A,et al. Low temperature surface passivation for Si solar cells［J］. Solar Energy Materialsand Solar Cells,1996,40(4):297-345.

［15］ LIN X X,HUA X,HUANG Z G,et al. Realization of high performance silicon nanowire based solar cells with large size［J］. Nanotechnology,2013,24(23):235402.

［16］ LIU S,NIU X,SHAN W,et al. Improvement of conversion efficiency of multicrystalline-silicon solar cells by incorporating reactive ion etching texturing［J］. Solar Energy Materials and Solar Cells,2014,127:21-26.

［17］ LIU X G,COXON P R,PETERS M,et al. Black silicon: fabrication methods,properties and solar energy applications［J］. Energy and Environmental Science,2014,7(10): 3223-3263.

［18］ LIU Y P,LAI T,LI H L,et al. Nanostructure formation and passivation of large-area black silicon for solar cell applications［J］. Small,2012,8(9):1392-1397.

［19］ NAYAK B K,IYENGAR V V,GUPTA M C. Efficient light trapping in silicon solar cells by ultrafast-laser-induced self-assembled micro/nano structures［J］. Progress in Photovoltaics Researchand Applications,2011,19(6):631-639.

［20］ OH J,YUAN H C,BRANZ H M. An 18. 2%-efficient black-silicon solar cell achieved through control of carrier recombination in nanostructures［J］. Nature Nanotechnology,

2012,7(11):743-748.

[21] PENG K,XU Y,WU Y,et al. Aligned single-crystalline Si nanowire arrays for photovoltaic applications[J]. Small,2010,1(11):1062-1067.

[22] RISTOW A,HILALI M M,EBONG A,et al. Screen-printed back surface reflector for light trapping in crystalline Si solar cells[C]//17th European Photovoltaic Solar Energy Conference and Exhibition,2001: 1-5.

[23] SCHMIDT J,MERKLE A,BRENDEL R,et al. Surface passivation of high-efficiency silicon solar cells by atomic-layer-depositedAl$_2$O$_3$ [J]. Progress in Photovoltaics Research and Applications,2010,16(6):461-466.

[24] SHU Q K,WEI J Q,WANG K L,et al. Hybrid heterojunction and photoelectrochemistry solar cell based on silicon nanowires and double-walled carbon nanotubes[J]. Nano Letters,2009,9(12):4338-4342.

[25] SYU H J,SHIU S C,HUNG Y J,et al. Influences of Si nanowire morphology on its electro-optical properties and applications for hybrid solar cells[J]. Progress in Photovoltaics Research and Applications,2013,21(6):1400-1410.

[26] TERLINDEN N M,DINGEMANS G,VAN DE SANDEN M C M,et al. Role of field-effect on c-Si surface passivation by ultrathin (2-20 nm) atomic layer deposited Al$_2$O$_3$ [J]. Applied Physics Letters,2010,96(11): 112101.

[27] TOOR F,BRANZ H M,PAGE M R,et al. Multi-scale surface texture to improve blue response of nanoporous black silicon solar cells[J]. Applied Physics Letters,2011,99 (10): 103501.

[28] VERMANG B,GOVERDE H,TOUS L,et al. Approach for Al$_2$O$_3$ rear surface passivation of industrial p-type Si PERC above 19%[J]. Progress in Photovoltaics: Research and Applications,2012,20(3):269-273.

[29] WANG Z,HAN P,LU H,et al. Advanced PERC and PERL production cells with 20.3% record efficiency for standard commercial p-type silicon wafers[J]. Progress in Photovoltaics: Research and Applications,2012,20(3):260-268.

[30] WOEHL R,KRAUSE J,GRANEK F,et al. Highly efficient all-screen-printed back-contact back-junction silicon solar cells with aluminum-alloyed emitter[J]. Energy Procedia, 2011,8:17-22.

[31] XIAO S Q,XU S Y. High-efficiency silicon solar cells—materials and devices physics [J]. Critical Reviews in Solid Stateand Materials Sciences,2014,39(4):277-317.

[32] YE X,ZOU S,CHEN K,et al. 18.45%-efficient multi-crystalline silicon solar cells with novel nanoscale pseudo-pyramid texture[J]. Advanced Functional Materials,2015,24 (42):6708-6716.

[33] YUAN H C,YOST V E,PAGE M R,et al. Efficient black silicon solar cell with a density-graded nanoporous surface: optical properties, performance limitations, and design

rules[J]. Applied Physics Letters,2009,95(12):123501.

[34] ZHONG S,HUANG Z,LIN X,et al. High-efficiency nanostructured silicon solar cells on a large scale realized through the suppression of recombination channels[J]. Advanced Materials,2015,27(3):555-561.

[35] ZHONG S H,ZENG Y,HUANG Z G,et al. Superior broadband antireflection from buried Mie resonator arrays for high-efficiency photovoltaics[J]. Scientific Reports,2015, 5:8915.

5 纳米结构绒面硅太阳电池优越光电特性的实现

我们采用各种手段对纳米绒面太阳电池进行综合优化以减少载流子复合损失。我们采用表面多重织构技术并着重优化了纳米结构阵列的排布,减小表面积,实现低反射和低复合。通过调控纳米结构高度(仅 100 nm),有效减少了光生载流子在表面和发射区体内的复合。进一步调控方块电阻(优化方阻为 80 $\Omega/\square$),减小发射区俄歇复合。我们采用 SiN_x 薄膜保型性地覆盖在硅纳米结构表面,实现优越的表面钝化效果,而且在光学上这也构成一种掩埋 Mie 共振体结构,通过调节其厚度,获得低的宽波段减反效果(其在 400~1 100 nm 波段的太阳光谱平均反射率仅 2.43%)。由于这些综合手段的采用,同时实现了优越的光电性能,我们在大尺寸硅片上制备出了转换效率为 18.5% 的纳米绒面太阳电池。

5.1 引言

硅纳米结构因其理想的光学减反特性而在下一代高性能光伏器件的研发中占据着一席之地。人们努力把纳米结构应用到各种类型的太阳电池器件中,包括扩散 p-n 结电池、光化学电池和固态杂化型异质结电池。然而,目前大部分纳米结构太阳电池的转换效率都还远不够理想,尤其是跟传统电池相比。实现高性能纳米结构太阳电池的主要障碍是载流子严重复合引起电学性能的恶化远远超过了光吸收增强带来的优势。如图 5-1 所示,严重的载流子复合主要是源于表面积增加引起的表面复合增加和重掺杂发射区体积增加引起的俄歇复合的增加。

在第 4 章中我们提出掩埋 Mie 共振体阵列作为减反结构的机理认识以及在太阳电池中应用的好处,指出这种结构有利于同时实现优越的光电特性。然而要进一步改善太阳电池的光学和电学特性,还应该从更多的方面去加以改进。J. Oh 等通过控制俄歇复合和表面复合,在小面积的区熔硅衬底上实现了转换效

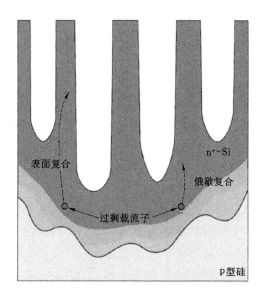

图 5-1　纳米结构中过剩载流子复合机理示意图

率为 18.2% 的纳米结构绒面太阳电池。遗憾的是,他们的研究中为了控制载流子复合而使纳米结构变得非常短小以致光学损失相对较大,也阻碍了效率的进一步提高。Jin-Young Jung 等通过控制纳米结构的高度来实现光学和电学的平衡,然而他们的纳米结构仍然比较高,达 500 nm,导致载流子复合比较严重,效率仅 10.32%。显然,要实现高效纳米结构太阳电池,存在着两种竞争性要求:① 纳米结构要薄一些以减小载流子复合;② 纳米结构要厚一些以减小反射损失。为了解决这一矛盾,F. Toor 等提出微纳复合结构太阳电池,即在微米的金字塔绒面上制备纳米结构,而非传统的在平面衬底上制备纳米结构。这种结构的好处就是可以同时结合微米结构和纳米结构的减反功能,从而可以在较短的纳米结构上实现优越的光学特性,而电学损失较少。因此这种复合结构也被认为是实现高效纳米结构的必要手段之一。

在本章,我们将综合多种方法在保持优越减反效果的前提下尽量减小电学损失,特别是偏重微纳复合结构的形貌优化、表面积和发射区体积的调控、掩埋 Mie 共振体的应用,从而实现高性能的纳米结构绒面太阳电池。

5.2　实验及表征

实验中所有用于制备纳米绒面电池的硅片都是 156 mm×156 mm 的准方形 p 型直拉单晶硅,其厚度为 180 μm,电阻率为 1~3 Ω·cm。硅片首先是在丙酮、酒精和去离子水中进行超声清洗,然后用碱溶液腐蚀以制备金字塔绒面,接着通过金属辅助化学刻蚀方法(MACE)在金字塔绒面上制备纳米结构,即把带有金字塔绒面的硅片两两互相叠在一起并浸泡在 15 mmol/L 的 $AgNO_3$ 和 3.75 mol/L 的 HF 混合溶液中 60 s,以使硅片单面沉积上 Ag 纳米颗粒,然后把硅片浸泡在含 4.6 mol/L 的 HF 和不同浓度的 H_2O_2 的混合溶液中进行腐蚀,以在金字塔绒面上形成纳米结构绒面。在相同过氧化氢浓度的情况下,纳米结构高度由刻蚀时间调控。最后,这些硅片浸泡在 40% 的硝酸溶液中以去除残余 Ag 金属颗粒,再接着用稀释的 HF 溶液去除氧化硅层。至此,微纳结构绒面已制备完成。

接着对这些硅片进行电池结构的制备。把所有清洗干净的硅片放入传统管式扩散炉并通以 $POCl_3$ 进行扩散掺杂形成 n 型层。其方块电阻由扩散温度和气体流量控制。接下来硅片进行等离子体去边缘结刻蚀和在稀释的 HF 溶液中去除磷硅玻璃。然后在这些微纳结构绒面上通过 PECVD 沉积一层 SiN_x 作为减反和钝化层。最后,通过丝网印刷技术制备电池的正负电极。

此外,我们还在常规微米金字塔绒面上制备了选择性发射极太阳电池。首先丝网印刷磷墨(P 墨)栅线并在 300 ℃ 下烘干,然后在扩散炉中扩散掺杂,接着去除磷硅玻璃和残余 P 墨,再是 PECVD 沉积 SiN_x,最后丝网印刷电极并烧结,此处需应用光学对准技术以确保电极栅线与 P 墨栅线的一致性。

绒面的微观结构由场发射扫描显微镜观察研究(FE-SEM, FEI Sirion 200)。纳米结构的光致发光谱(PL)由 HR800 UV,Jobin Yvon HORIBA 光谱仪结合激发波长为 325 nm 的 He-Cd 激光器测试获得。纳米绒面硅片的有效少子寿命(τ_{eff})采用 WCT-120 (Sinton)仪器的准静态光电导衰减法测试获得(对于少子寿命测试片进行双面纳米织构并对称钝化处理)。方块电阻由四探针测试仪在电池的背面(即仅有金字塔织构的面)测量获得。外量子效率(*EQE*)、内量子效率(*IQE*)和反射率由 QEX10 (PV Measurements)仪器测试获得。P 墨的成分是在烘干状态下由 SEM 中的能量散射谱进行表征的,而栅线宽度及与电池套印情况由金相显微镜观察。电池的电学特性则通过 *I-V* 测试仪在 25 ℃ 和 AM 1.5 光谱条件下测量获取。

5.3 结果与讨论

5.3.1 微纳复合结构形貌优化以减小表面复合

在本章,纳米结构的制备由 MACE 方法制备而成。第一步是 Ag 纳米颗粒的沉积,第二步是在 HF 和 H_2O_2 混合溶液中腐蚀。图 5-2 比较了在 4.6 mol/L HF 和不同浓度 H_2O_2 混合溶液下制备的微纳复合结构的 SEM 照片,其中 H_2O_2 浓度为 0.02 mol/L、0.5 mol/L 和 2 mol/L。尽管前人已经对这种复合结构的优势进行了报道,但其形貌对电池光电特性的影响还未经研究。我们在这里致力于通过 H_2O_2 浓度来调控微米金字塔绒面上纳米结构的形貌并研究其对光电特性的影响。在 0.02 mol/L H_2O_2 溶液中刻蚀获得的硅纳米结构,如图 5-2(a)所示,均匀地分布在整个金字塔表面。而在 2 mol/L H_2O_2 溶液中刻蚀获得的硅纳米结构,如图 5-2(c)所示,仅分布在金字塔的底部,顶部则是光秃的。显然,2 mol/L H_2O_2 溶液中刻蚀获得的硅纳米结构较 0.02 mol/L H_2O_2 溶液中获得的纳米结构更稀疏。实际上,随着刻蚀溶液中 H_2O_2 浓度的增加,金字塔的顶部是逐渐变秃的,即纳米结构密度逐渐减小。比如,0.5 mol/L H_2O_2 溶液中刻蚀获得的硅纳米结构密度就介于 0.02 mol/L 和 2 mol/L 溶液中获得的纳米结构密度,如图 5-2(b)所示。纳米结构的密度会严重影响表面复合速度,从而影响电池性能,在以下内容中会对此进行详细介绍。

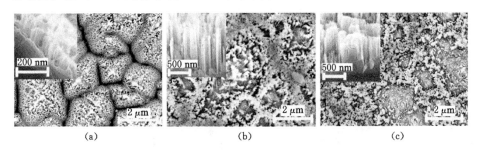

图 5-2　在 4.6 mol/L HF 和不同浓度 H_2O_2 组成的刻蚀溶液中制备的硅纳米结构的
俯视 SEM 图
(a) H_2O_2 浓度为 0.02 mol/L;(b) H_2O_2 浓度为 0.5 mol/L;(c) H_2O_2 浓度为 2 mol/L

图 5-2 也显示出硅纳米结构的表面随着过氧化氢浓度增加而逐渐变得粗糙。特别是当 H_2O_2 浓度为 2 mol/L 时,形成的纳米结构基本上是整体多孔化的纳米柱(即充满纳米多孔硅)。为了确定开始形成多孔硅的 H_2O_2 浓度,我们用 PL 谱进行了表征,并刻画在图 5-3 上。这里形成纳米结构的时间统一为 60 s。当 H_2O_2 浓度小于 0.1 mol/L 时,没有探测到 PL 信号,这与我们以前的结果相一致。但是当 H_2O_2 浓度等于或大于 0.25 mol/L 时,则可观察到波长为 650 nm 处有一个很宽的 PL 信号峰(一般认为这是多孔硅的 PL 信号峰),表明已经有多孔硅层的形成。纳米多孔硅层的形成跟溶液的横向刻蚀有关,H_2O_2 浓度越大,Ag 颗粒附在纳米结构壁上的越多,在其催化刻蚀作用下,横向刻蚀也

就越厉害,因此多孔性越严重。基于这个现象,有文献指出应该要控制 H_2O_2 浓度以减小纳米结构的多孔性,因为多孔硅层会剧烈增加表面积,更容易导致严重的载流子复合。为了确认这层多孔硅是否仍然存在于最后的电池器件中,我们对 2 mol/L H_2O_2 溶液制备的硅纳米结构进行扩散并做去磷硅玻璃处理后再进行 PL 测试表征,结果如图 5-3 所示的虚线。多孔硅信号峰已然消失了,表明多孔硅随着 HF 溶液去除磷硅玻璃时一并被去除掉了。图 5-4 表明 2 mol/L H_2O_2 溶液中制备的硅纳米结构在去完磷硅玻璃后其表面也是光滑的。因此,我们无需考虑高浓度 H_2O_2 溶液中产生的纳米多孔硅层对电池性能的影响。

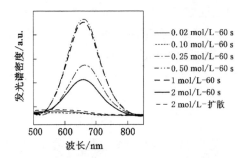

图 5-3　不同浓度 H_2O_2 溶液中制备的硅纳米结构的光致发光谱

说明:2 mol/L-扩散是 2 mol/L H_2O_2 溶液中制备的硅纳米结构并扩散去磷硅玻璃后测试的 PL 谱。

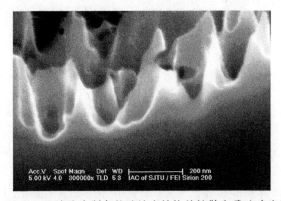

图 5-4　2 mol/L H_2O_2 溶液中制备的硅纳米结构并扩散去磷硅玻璃后的 SEM 图

　　然而,这结果并不意味着我们可以随意选择 H_2O_2 浓度来制备硅纳米结构。我们对比研究了 0.02 mol/L H_2O_2 和 2 mol/L H_2O_2 溶液中制备的硅纳米结构(分别对应密集的和稀疏的硅纳米结构)的光电性能。图 5-5(a) 展示出密集微纳复合结构形貌硅片的反射率与稀疏形貌的反射率在整个波段范围内近乎相同,尽管它的纳米结构高度为 150 nm,远低于稀疏形貌的纳米结构(500 nm),见

图 5-2。然而在电学性能上,如图 5-5(b)所示,密集纳米结构硅片的少子寿命远高于稀疏纳米结构形貌的,这可能是因为它具有更小的载流子表面复合。Jin-Young. Jung 等研究了平面上硅纳米结构密度对光电性能的影响,认为在相同反射率的情况下,相对密集的纳米结构形貌具有更小的表面积从而有更低的表面复合。然而要想在实验上准确比较两种随机纳米结构阵列面积的大小是非常困难的,因为目前还缺乏准确表征纳米结构阵列面积的方法,即便是通过先热氧化纳米结构,然后再测量氧化层厚度和重量的方法来计算表面积,其结果也是粗糙的。在这里我们是通过原子力显微镜(AFM)对这两者形貌来进行表征,如图 5-5(c)、(d)所示,发现具有密集纳米结构形貌的硅片的表面积($157~\mu m^2$)确实要小于具有稀疏形貌的表面积($176~\mu m^2$),尽管这种方法获得的表面积也不是准确的,但还是可以在一定程度上说明问题。这些结果表明,我们还需谨慎控制 H_2O_2 溶液浓度,制备具有密集形貌的微纳复合结构,实现在较低反射率的条件下保持低的载流子表面复合。

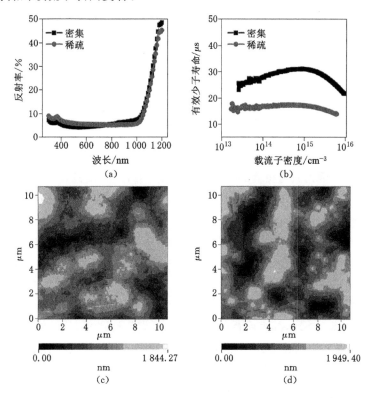

图 5-5 两种不同形貌多重织构

(a) 反射率;(b) 有效少子寿命;(c) 密集硅纳米结构的 AFM 图;(d) 稀疏硅纳米结构的 AFM 图

图 5-6 进一步比较了这两种纳米绒面电池的 I-V 曲线。2 mol/L H_2O_2 溶液中制备的纳米绒面电池的开路电压(V_{oc})、电路电流(I_{sc})和光电转换效率(η)明显低于在 0.02 mol/L H_2O_2 溶液中获得的,这是因为其具有更高的载流子表面复合速率。这些结果表明微纳复合结构的表面形貌会严重影响电池的性能。在这里,我们介绍了一种简单的方法——通过调控 MACE 方法中的 H_2O_2 浓度来实现微纳复合结构形貌的优化。我们发现当把 H_2O_2 浓度调控在 0.02 mol/L 时,硅纳米结构均匀且密集地分布在整个金字塔表面,实现较低的表面增加率,因而具有较低的载流子表面复合,有利于获得良好的电池性能。

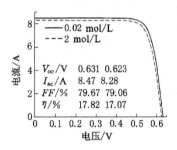

图 5-6　0.02 mol/L 和 2 mol/L H_2O_2 溶液中获得的纳米绒面太阳电池的 I-V 性能比较

5.3.2　通过纳米结构高度和表面钝化调控反射率和载流子复合

众所周知,一般纳米结构绒面电池与平面电池或金字塔绒面电池相比,表面积会急剧增加,因而具有更高载流子表面复合。因此,表面钝化在纳米绒面太阳电池中显得至关重要。在优化的微纳复合结构基础上,我们采用 PECVD SiN_x:H 来钝化硅表面以进一步抑制表面复合。PECVD SiN_x:H 已经被广泛地证明因其存在化学钝化和场效应钝化而具有优越的钝化效果,而且在纳米线径向 p-n 结电池中成功地把载流子表面复合速率控制在低于 70 cm/s。本章我们通过调控刻蚀时间制备了 100 nm、150 nm、200 nm 和 300 nm 四种不同高度的纳米结构,分别标示为 A、B、C 和 D。从 SEM 图中可以看到不管纳米结构是低[见图 5-7(a)]还是高[见图 5-7(b)],其表面都能被 SiN_x:H 完整地覆盖,从而保证了其有效地钝化表面。图 5-7(c)则展示了不同纳米结构组在 SiN_x:H 钝化前后的 τ_{eff},其值从钝化前的 10 μs 提高到钝化后的 30 μs 左右,表明了有效的钝化性。

图 5-8 展示了不同纳米结构高度硅片的表面反射率与波长的关系。为了进行比较,金字塔绒面硅片的反射率也一并给出。对于未覆盖 SiN_x:H 的表面,具有纳米结构的表面反射率显然比微米金字塔绒面的要低,而且随着纳米结构高

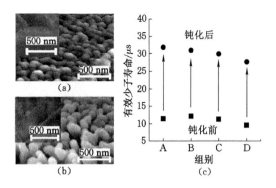

图 5-7　SiN$_x$:H 薄膜后的硅纳米结构

（a）A 组硅片覆盖 SiN$_x$:H 薄膜后的 SEM 照片；（b）D 组硅片覆盖 SiN$_x$:H 薄膜后的 SEM 照片；

（c）不同纳米结构硅片在钝化前后通过 QSSPC 模式测量获得的有效少子寿命值 τ_{eff}，载流子注入浓度

为 $\Delta n \approx 1 \times 10^{15}$ cm^{-3}

度的增加，反射率下降。A、B、C 和 D 组硅片的太阳光谱平均反射率 R_{ave} 为 8.8%、6.1%、5.28% 和 4.23%，反射率明显依赖于纳米结构高度。我们进一步研究了微纳复合结构绒面和金字塔绒面覆盖 SiN$_x$:H 钝化层后的反射率，如图 5-8(b) 所示。对于金字塔绒面，其表面反射率显著降低，特别是中间波段的干涉减反区，而且相比平面上覆盖氮化硅薄膜的情况，由于这里入射光在微米绒面间会发生多次反射和折射效应，减少了光的逃逸，从而使干涉减反波段展宽。当然，在干涉区域外反射率依然急剧上升，最终其在 400～1 100 nm 波段的 R_{ave} 为 2.53%。对于有微纳复合结构的表面，光学特性上，SiN$_x$ 介质层掩埋纳米结构表面是一种掩埋 Mie 共振体结构，可实现优越的减反效果。确实，覆盖 SiN$_x$ 薄膜后，SiN$_x$ 掩埋的微纳复合结构表面的反射率在 500～1 100 nm 波段较未覆盖薄膜前都得到了显著降低，而且在整个波段都有较低的反射率，与 SiN$_x$ 掩埋的金字塔绒面相比，其对波长的依赖性明显减弱。A、B、C 和 D 组在 400～1 100 nm 波段的 R_{ave} 分别为 2.43%、2.49%、2.72% 和 2.79%。因此，结合微纳复合结构和氮化硅的减反效应后，即使仅有 100 nm 高的纳米结构，也可以实现优越的宽波段减反效果，而且与平面上掩埋 Mie 共振体的减反效果相比，减反效应得到进一步增强。当然这里也需要指出的一点是：由于散射效应，在干涉减反区，掩埋微纳复合结构的反射率高于掩埋金字塔绒面的反射率。

　　为了确定纳米结构高度对光生载流子收集效率的影响，我们也研究了纳米结构绒面电池的 IQE 与光波长的关系，如图 5-9(a) 所示。这里不同纳米结构高度的电池的方块电阻都一致为 70 Ω/□，以保证 IQE 的差别仅来自于纳米结构高度的影响。可以看到，伴随着纳米结构高度的增加，IQE 下降，尤其是短波部

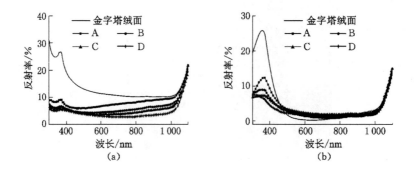

图 5-8 纳米绒面组和金字塔绒面光学效果

(a) 不同纳米绒面组和金字塔绒面硅片未覆盖 SiN_x:H 层时反射光谱的比较；

(b) 不同纳米绒面组和金字塔绒面硅片覆盖 SiN_x:H 层后反射光谱的比较

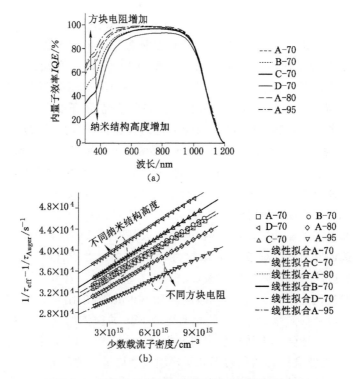

图 5-9 不同纳米绒面电池量子效率与俄歇复合

(a) 纳米绒面太阳电池 IQE 随纳米结构高度和方块电阻的变化；

(b) 纳米绒面电池中俄歇复合校正的载流子寿命倒数随注入浓度的关系

分,这表明短波光子激发产生的电子空穴对不能被有效收集而转变成光生电流。而短波光子主要是在表面和近表面被吸收,因此可以推测这个区域的载流子复合非常严重,而且随纳米结构高度的增加而复合加重。为了更深入洞察 IQE 下降机理,通过少子寿命测试并根据式(5-1),我们可以获取有效表面复合速率 S_{eff}。

$$1/\tau_{eff}=1/\tau_{bulk}+2S_{eff}/W \tag{5-1}$$

其中,τ_{bulk} 是硅片体寿命(在这里为 113 μs),W 是硅片厚度(为 180 μm),而 τ_{eff} 为硅片有效少子寿命。计算结果列在表 5-1 中。由表 5-1 可以看到,S_{eff} 随着纳米结构高度的增加而增加,在 D 组硅片中达到了 272 cm/s。我们认为 S_{eff} 的增加主要是归因于纳米结构高度增加导致表面积的增加。这些也说明了 IQE 随纳米结构高度增加而下降确实是载流子表面复合加剧的结果。

表 5-1   纳米绒面电池输出参数

组别	V_{oc} /mV	I_{sc} /A	R_s /mΩ	R_{sh} /Ω	FF /%	η /%	S_{eff} /(cm/s)	J_{0e} /(fA/cm²)
A-70	635	8.59	2.53	39	79.74	18.20	225	279
B-70	631	8.47	2.40	27	79.67	17.82	234	282
C-70	629	8.43	2.49	20	79.37	17.61	245	295
D-70	623	8.24	2.29	12	79.18	17.01	272	303
A-80	635	8.65	2.68	36	79.56	18.29	210	263
A-95	634	8.69	3.17	33	78.90	18.19	205	218
最好的电池	637	8.68	2.82	50	79.64	18.43	—	—

说明:A、B、C 和 D 分别代表纳米结构高度为 100 nm、150 nm、200 nm 和 300 nm。A-70、A-80 和 A-95 代表 A 组硅片方块电阻为 70 Ω/□、80 Ω/□ 和 95 Ω/□。

通过画 $\dfrac{1}{\tau_{eff}}-\dfrac{1}{\tau_{Auger}}$ 与过剩载流子浓度(Δn)的对应关系曲线,根据式(5-2)则可萃取出发射区饱和电流密度(J_{0e})。

$$\frac{1}{\tau_{eff}}-\frac{1}{\tau_{Auger}}=\frac{1}{\tau_{SRH}}+\frac{2J_{0e}}{qn_i^2W}(N_{dop}+\Delta n) \tag{5-2}$$

其中,τ_{SRH} 是仅考虑 Shockley-Read-Hall 复合的体寿命,τ_{Auger} 是俄歇复合寿命,q 是电荷量,n_i 代表本征载流子浓度,N_{dop} 是硅衬底的掺杂浓度。图 4-9(b)刻画了不同纳米结构高度硅片的 $\dfrac{1}{\tau_{eff}}-\dfrac{1}{\tau_{Auger}}$ 与 Δn 的关系曲线图,从拟合曲线的斜率中可获得它们的 J_{0e}。跟 S_{eff} 的行为类似,J_{0e} 随着纳米结构高度增加(100~300 nm)

而从 279 fA/cm^2 增至 303 fA/cm^2(见表 5-1),表明发射区复合在增加。因发射区是重掺杂区,故主要是俄歇复合在增加。这种现象是纳米绒面独特的结构尺寸引起的,这里纳米结构的横向尺寸仅几十至上百纳米,而掺杂浓度从表面至体内呈余误差函数衰减,于是导致整个纳米结构的掺杂浓度近乎相同且接近于表面的浓度。因此更高的纳米结构意味着更大的重掺杂发射区体积,导致更严重的俄歇复合,从而使 J_{oe} 增加。根据上面的这些原因,D 组电池的 IQE 严重下降(即使在长波区域)的原因是非常高的表面和发射区体复合,而 A 组的性能最好是因为这两种复合通道都得到了有效降低。从电池特性的角度来看,随纳米结构高度增加,IQE 的下降直接导致 J_{sc} 的下降。此外,由于表面和发射区体复合的增加,V_{oc} 和并联电阻也是下降的。最终,电池的效率 η 急剧下降(见表 5-1)。这些结果说明了控制纳米结构高度的重要性,在保持低反射率的基础上,较短的纳米结构才有利于实现高效的纳米绒面太阳电池。

5.3.3　通过方块电阻控制发射区载流子复合

除了减小发射区体积,另一个可以有效减小纳米绒面太阳电池发射区俄歇复合的方法是降低掺杂浓度。这里掺杂浓度表征为方块电阻。随着方块电阻的增加,即掺杂浓度的降低,发射区里的俄歇复合下降,因此 J_{oe} 也下降,如表 5-1 所列。而这也将有益于短波响应和 I_{sc} 的提高(见图 5-9 和表 5-1)。然而奇怪的是这里并没看到 V_{oc} 随方块电阻的增加而增加,可能是 p-n 结区复合增加的缘故。如表 5-1 所列,随着方块电阻的增加,R_{sh}(可表征漏电电流,互成反比关系)在减小。我们把这归因于高方阻电池中金属电极在烧结时更容易渗入到 p-n 结区里,导致漏电电流增加。此外,随着方块电阻增加,串联电阻 R_s 增加,导致 FF 下降。作为 I_{sc} 增加和填充因子 FF 下降的折中,方块电阻为 80 Ω/□时具有最佳的 η。

5.3.4　最佳纳米绒面电池

图 5-10(a)展示了我们在企业测试获得的最佳纳米绒面太阳电池和生产线上的常规太阳电池的 I-V 曲线。由 V_{oc} = 637 mV、I_{sc} = 8.68 A、FF = 79.64%,可以计算出最佳纳米绒面电池的 η 高达 18.4%,其效率仅略低于常规电池的 18.7%。我们的最佳电池还经过世界权威检测机构 TÜV 莱茵公司进行独立认证,其检测的 I-V 曲线如图 5-11 所示,测试效率也高达 18.5%,说明我们的 I-V 测试结果是可信的,我们的纳米绒面电池确实具有较高的光电转换效率。这是目前为止有报道的在大面积 p 型硅衬底上获得的最佳结果之一。图 5-10(b)展示了这个最佳电池的纳米结构 SEM 俯视图,表明从微观上看纳米结构分布均

匀,高度仅 100 nm。而 5-10(c) 则从宏观上说明纳米结构在整个大尺寸硅片上分布也是均匀的,电池片呈黑色而非常规电池的蓝色。

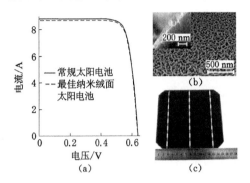

图 5-10　最佳纳米绒面太阳电池

（a）最佳纳米绒面太阳电池和常规产业标准太阳电池的 I-V 曲线；

（b）最佳纳米结构硅表面的 SEM 俯视图；(c) 最佳纳米绒面太阳电池的数码照片图

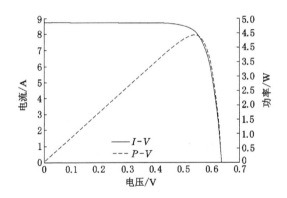

图 5-11　TÜV 莱茵独立认证的最佳纳米绒面电池 I-V 曲线

这样一个令人兴奋的结果主要是归因于我们同时实现了低的反射率和低的载流子复合。这个低反射率得益于微米金字塔绒面的几何光学减反效应和纳米结构与 SiN_x 薄膜组成的掩埋 Mie 共振体减反效应。表面载流子复合的降低则是源于微纳复合结构形貌的优化(包括纳米结构在金字塔表面的均匀分布和低的纳米结构高度)以及 $SiN_x:H$ 的钝化。发射区的俄歇复合则通过控制纳米结构高度和提高方块电阻来抑制。然而我们也认识到尽管纳米绒面电池的 R_{ave} 低于常规电池的,但其 I_{sc} 仍然低于常规电池的,说明减小的反射损失还不能充分转换成电流。我们相信只有进一步结合选择性发射极(SE)技术(以此实现光活性区为高方块电阻又不增加接触电阻,5.4 节会进行详细阐述),甚至是背接触电池技术来减小发射区体复合,更优越的表面钝化技术(如原子层沉积氧化铝钝化)来减小表面复合,才能使这种纳米柱或纳米线绒面太阳电池的效率更进一步地提高,并超越常规电池。

5.4 选择性发射极太阳电池技术

在上面关于方块电阻的研究中,发现尽管高方块电阻有利于减小发射区复合,然而 FF 也下降了,原因之一是方块电阻的提高导致了电极与硅接触电阻的增加。为了解决这一矛盾,选择性发射极(SE)技术是一种较好的解决方案,我们在常规微米金字塔绒面上采用此技术进行了大规模的实验,发现 SE 电池因其光吸收区为轻掺杂而电极接触区为重掺杂,故既减小了发射区载流子复合又不提高接触电阻,从而不降低 FF。实现 SE 技术的方案有很多种,我们采用的是自主开发的磷墨(P 墨)技术。如图 5-12(a)、(b)所示,我们制备的 P 墨是一种无色透明溶液,具有无毒、无腐蚀和不易燃的特征,可安全应用于大规模生产线,而且烘干后仅含 C、O、P、Si 元素,不含其他多余的有害杂质。其中 P 是掺杂源,而 C、O 和 Si 在去磷硅玻璃的时候可被去除,不会成为累赘产物附在电池表面影响外观。我们的 P 墨是通过丝网印刷的方式来定义重掺杂区域的,因此溶液的黏稠度就显得至关重要。如果黏稠度不够的话,印刷上去的 P 墨就会变形,导致重掺杂区域的扩大。我们制备的磷墨尽管看起来像水溶液,但其黏稠度可高达 20 000 cps,确保了其有足够的黏稠度来保持丝网印刷的形状。比如我们使用线宽为 180 μm 的网版时,丝网印刷上去的 P 墨宽度经烘干后为 190 μm[如图 5-12(c)所示],说明了其具有较好的形状保持性。图 5-12(d)表明金属电极很好地套印在 P 墨掺杂区上,确保了金属电极与硅的接触区域为重掺杂,因而可以形成良好的欧姆接触。

图 5-13 展示了我们采用这种 P 墨技术大规模量产的 SE 太阳电池的性能,常规均匀结电池的性能也一并给出以作参考。显然,SE 电池的 V_{oc} 和短路电流密度 J_{sc} 相比常规电池的都得到了显著的增加,而它们的填充因子近乎一致。结果,SE 电池的平均 η 达到 19.0%,比常规电池的 18.6% 相对高约 2.2%。我们认为 J_{sc} 的增加是归因于 SE 电池光照区较轻掺杂导致的短波响应的改善。V_{oc} 的显著增加则可以从下面两点进行解释:一方面,SE 电池光照区域的方块电阻为 70 $\Omega/\square$,大于参考电池 62 $\Omega/\square$ 的方块电阻,因此发射区的俄歇复合减小了;另一方面,接触区域下面的重掺杂可以起场效应钝化作用,驱除少数载流子远离金属电极(因为金属和半导体的接触区也是一个高复合区)。对于 FF,尽管 SE 电池光照区的方块电阻高于参考电池的,但它的 FF 非但未降,反而有轻微的增

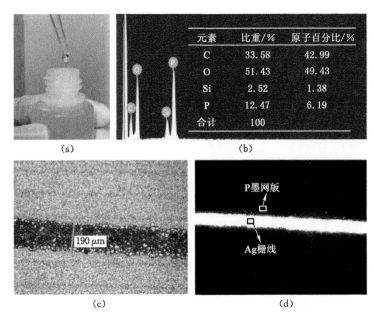

图 5-12 自主开发的磷墨(P墨)技术

(a) P 墨数码照片图;(b) P 墨烘干后的能量色散 X 射线光谱;

(c) PECVD 覆盖 SiN$_x$ 前丝网印刷 P 墨的光学显微镜照片;

(d) PECVD 覆盖 SiN$_x$ 后并丝网印刷套印金属栅线后的光学显微镜照片

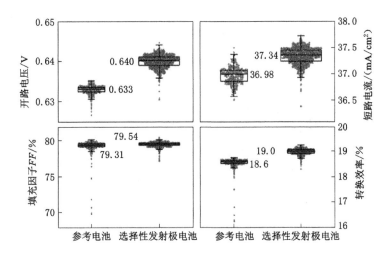

图 5-13 P 墨 SE 太阳电池和参考太阳电池的电性能参数比较

加,这是因为 SE 电池金属栅线下面具有更重的掺杂,因此增强了欧姆接触特性,减小了接触电阻。

从 SE 技术在常规电池中的应用结果来看,这种 P 墨 SE 技术也有望用来改善纳米绒面电池发射区特性,减小发射区载流子复合而不降低电池 FF,从而提高纳米绒面太阳电池的光电转换效率。

5.5　本章小结

综上所述,本章介绍了一种简单而有效的方法在纳米绒面电池中同时实现优越的光学和电学特性。通过调控 MACE 方法中 H_2O_2 浓度为 0.02 mol/L 和短的刻蚀时间(30 s),即可在金字塔绒面上制备出密而短的纳米结构阵列,而且我们证明这种优化的微纳复合结构形貌有利于减小纳米绒面电池的载流子复合。我们也采用了 PECVD $SiN_x:H$ 薄膜和高方阻技术来进一步抑制载流子表面和俄歇复合。同时在光学上,纳米结构与 $SiN_x:H$ 薄膜的结合也是一种掩埋 Mie 共振体减反结构,更兼有金字塔绒面的几何减反特性,因此实现了优越的宽波段减反效果,从而有低的 R_{ave}(仅 2.43%)。通过全面考虑所有这些因素,在采取综合手段抑制纳米绒面电池中的载流子复合通道并保证优越光学特性的情况下,我们成功在 156 mm×156 mm 的大尺寸硅片上实现了光电转换效率为 18.5% 的纳米绒面太阳电池。最后介绍了在常规电池中应用 SE 技术的结果,展现了 SE 技术改善电池性能的有效性。这些研究结果对高效纳米绒面太阳电池的设计与制备有着重要的指导意义。

参考文献

[1] ABERLE A G. Surface passivation of crystalline silicon solar cells:a review[J]. Progress in Photovoltaics Researchand Applications,2000,8(5):473-87.

[2] ANTONIADIS H. Silicon Ink high efficiency solar cells[C]//Photovoltaic Specialists Conference,2009.

[3] CHANG H C,LAI K Y,DAI Y A,et al. Nanowire arrays with controlled structure profiles for maximizing optical collection efficiency[J]. Energyand Environmental Science, 2011,4(8):2863-2869.

[4] CHANII Y,KIM J B,SONG Y M,et al. Antireflective silicon nanostructures with hydrophobicity by metal-assisted chemical etching for solar cell applications[J]. Nanoscale Research Letters,2013,8:159.

[5] CULLIS A G,CANHAM L T,CALCOTT P D J. The structural and luminescence prop-

erties of porous silicon[J]. Journal of Applied Physics,1997,82(3):909-965.

[6] DUBE C E,TSEFREKAS B,BUZBY D,et al. High efficiency selective emitter cells using patterned ion implantation[J]. Energy Procedia,2011,8:706-711.

[7] FELLMETH T,BORN A,KIMMERLE A,et al. Recombination at metal-emitter interfaces of front contact technologies for highly efficient silicon solar cells[J]. Energy Procedia,2011,8:115-121.

[8] HAMEIRI Z,PUZZER T,MAI L,et al. Laser induced defects in laser doped solar cells [J]. Progress in Photovoltaics:Research and Applications,2011,19(4):391-405.

[9] HAN S E,CHEN G. Toward the lambertian limit of light trapping in thin nanostructured silicon solar cells[J]. Nano Letters,2010,10(11):4692-4696.

[10] HE L N,LAI D,WANG H,et al. High-efficiency si/polymer hybrid solar cells based on synergistic surface texturing of Si nanowires on pyramids[J]. Small,2012,8(11):1664-1668.

[11] JUNG JIN-YOUNG,UM HAN-DON,JEE SANG-WON,et al. Optimal design for antireflective Si nanowire solar cells[J]. Solar Energy Materials and Solar Cells,2013,112:84-90.

[12] KANE D,SWANSON R. Measurement of the emitter saturation current by a contactless photoconductivity decay method[C]//Photovoltaic Specialists Conference,1985.

[13] KELZENBERG M D,TURNER-EVANS D B,PUTNAM M C,et al. High-performance Si microwire photovoltaics[J]. Energy and Environmental Science,2011,4(3):866-871.

[14] KEMPA T J,DAY R W,KIM S K,et al. Semiconductor nanowires:a platform for exploring limits and concepts for nano-enabled solar cells[J]. Energy and Environmental Science,2013,6(3):719-733.

[15] KOYNOV S ,BRANDT M S ,STUTZMANN M . Black nonreflecting silicon surfaces for solar cells[J]. Applied Physics Letters,2006,88(20):203107.

[16] KUMAR D,SRIVASTAVA S K,SINGH P K,et al. Fabrication of silicon nanowire arrays based solar cell with improved performance[J]. Solar Energy Materials and Solar Cells,2011,95(1):215-218.

[17] LEEM J W,SONG Y M,YU J S. Broadband wide-angle antireflection enhancement in AZO/Si shell/core subwavelength grating structures with hydrophobic surface for Si-based solar cells[J]. Optics Express,2011,19(S 5):A1155-A1164.

[18] LI H F,JIA R,CHEN C,et al. Influence of nanowires length on performance of crystalline silicon solar cell[J]. Applied Physics Letters,2011,98(15):151116.

[19] LI X C,LI J S,CHEN T,et al. Periodically aligned Si nanopillar arrays as efficient antireflection layers for solar cell applications[J]. Nanoscale Research Letters,2010,5(11):1721-1726.

[20] LI X,XIAO Y,BANG J H,et al. Upgraded silicon nanowires by metal-assisted etching of

metallurgical silicon: a new route to nanostructured solar-grade silicon[J]. Advanced Materials,2013,25(23):3187-3191.

[21] LIN X X ,HUA X ,HUANG Z G ,et al. Realization of high performance silicon nanowire based solar cells with large size[J]. Nanotechnology,2013,24(23):235402.

[22] LIU Y P,LAI T,LI H L,et al. Nanostructure formation and passivation of large-area black silicon for solar cell applications[J]. Small,2012,8(9):1392-1397.

[23] NURSAM N M,REN Y,WEBER K J. PECVD silicon nitride passivation on boron emitter: the analysis of electrostatic charge on the interface properties[J]. Advances in Opto-Electronics,2010,210:487406.

[24] OH J ,YUAN H C ,BRANZ H M . An 18.2%-efficient black-silicon solar cell achieved through control of carrier recombination in nanostructures[J]. Nature Nanotechnology,2012,7(11):743-748.

[25] PENG K ,XU Y ,WU Y ,et al. Aligned single-crystalline Si nanowire arrays for photovoltaic applications[J]. Small,2010,1(11):1062-1067.

[26] QU Y Q,LIAO L,LI Y J,et al. Electrically conductive and optically active porous silicon nanowires[J]. Nano Letters,2009,9(12):4539-4543.

[27] SONG K,KIM B,LEE H,et al. Selective emitter using a screen printed etch barrier in crystalline silicon solar cell[J]. Nanoscale Research Letters,2012,7(1):410.

[28] STEPANOV D S. Surface passivation of crystalline silicon by dual layer amorphous silicon films[D]. Toronto:University of Toronto,2011.

[29] TOOR F,BRANZ H M,PAGE M R,et al. Multi-scale surface texture to improve blueresponse of nanoporous black silicon solar cells[J]. Applied Physics Letters,2011,99(10):103501.

[30] WU S L,WEN L,CHENG G A,et al. Surface morphology-dependent photoelectrochemical properties of one-dimensional Si nanostructure arrays prepared by chemical etching[J]. ACSA pplied Materials and Interfaces,2013,5(11):4769-4776.

[31] XIE W Q,OH J I,SHEN W Z. Realization of effective light trapping and omnidirectional antireflection in smooth surface silicon nanowire arrays[J]. Nanotechnology, 2011, 22(6):065704.

[32] YOO J S,PARM I O,GANGOPADHYAY U,et al. Black silicon layer formation for application in solar cells[J]. Solar Energy Materials and Solar Cells,2006,90(18-19):3085-3093.

6　多晶硅基纳微米复合结构太阳电池

6.1　引言

在第 3 章、第 4 章中,我们着重研究了单晶硅基纳微米复合结构的光电性能以及在高效太阳电池器件中的应用。在本章中,我们将研究多晶硅基纳微米复合结构形貌优化、光电特性以及在太阳电池应用中的优势所在。

最近,垂直有序分布的硅纳米结构阵列因为其在大范围入射角上良好的陷光特性,使得它在光伏器件应用方面激发了学者们巨大的研究兴趣,它在光伏器件中的优势是可以最大限度地吸收入射光,为器件转换效率的提高提供本质上的帮助。然而,硅纳米结构这种光学上的增益并不能很容易地转化为器件效率上的提高,主要原因是硅纳米结构的引入同时带来和差的电学损失,主要包括表面复合损失、近表面的俄歇复合损失以及电极欧姆接触变差等问题。Huang 等用 MACE 的方法刻蚀了从纳米到微米量级不同长度的纳米线,并将其制备成硅纳米线阵列太阳电池,从电池的内量子效率 *IQE* 可以看出,越长的纳米线虽然陷光效果增强,但实际由于大的表面复合损失和俄歇复合损失,使得器件的光谱响应反而变差,如图 6-1(a)、(b) 所示。

在过去的几年里,为了解决硅纳米结构电学特性差这一问题,学者们提出了很多办法,如良好的表面钝化、适当增加发射极方阻以及硅纳米结构形貌的优化等,这些方法也确实对提高硅纳米结构器件性能起到了很好的作用。在硅纳米结构形貌优化方面,Syu 等采用 BE(before etching,刻蚀前)沉积金属颗粒和 DE(during etching,刻蚀中)沉积金属颗粒的方法,制备了硅纳米结构,得到了不同形貌的硅纳米结构(见图 6-2)。对它们进行钝化后,不同形貌硅纳米结构的少子寿命如图 6-3 所示。结果显示,越短的纳米结构少子寿命越高,而短的纳米结构又不能产生足够好的陷光效果,因此需要在光学增益和电学损失之间找到平衡。同时,在多晶硅太阳电池器件方面,Zhong 等基于等离子体浸没离子注入工艺,制备了硅纳米结构,通过硅纳米结构形貌的优化,成功制备出转换效率为 15.99% 的多晶硅纳米结构太阳电池,*I-V* 曲线如图 6-4 所示。2014 年,Xiao 等采用离子刻蚀(RIE)技术,在大面积(156 mm×156 mm)多晶硅片上实现了17.46%的能量转换效率。Liu 等也基于 RIE 纳米结构刻蚀技术,通过提高发射极方阻,进一步在大面积多晶硅纳米结构太阳电池上取得了效率进展。

在大面积多晶硅纳米结构制备技术方面,主要包括离子刻蚀(RIE)和金属辅助化学刻蚀(MACE)。MACE 方法作为一种简单、室温工艺、低成本、形貌易控且工艺与产线完全兼容的一种制备方法,最近受到了广泛的关注,并且已经显示出这种方法在大规模太阳电池生产上的优势。

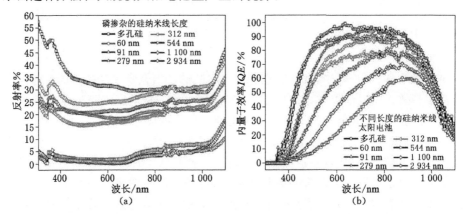

图 6-1　纳米结构光学与器件性能

(a) 不同长度纳米线的太阳反射谱;(b) 不同长度纳米线太阳电池器件的内量子效率

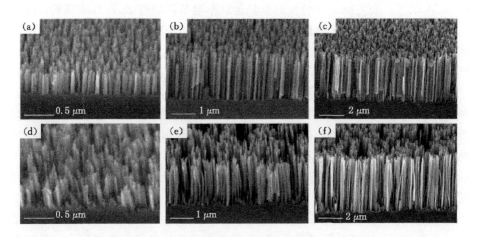

图 6-2　硅纳米线阵列的 SEM 图

(a)~(c) BE 方法刻蚀的长度分别为 0.464 μm、2.39 μm 和 4.78 μm 硅纳米线阵列;
(d)~(f) DE 方法刻蚀的长度分别为 0.456 μm、2.24 μm 和 5.81 μm 硅纳米线阵列

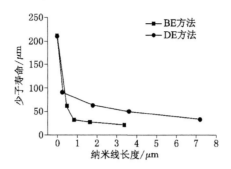

图 6-3　BE 和 DE 方法刻蚀硅纳米线阵列样品的少子寿命

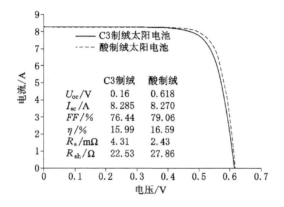

图 6-4　C3 和酸制绒的太阳电池 I-V 特性曲线

　　在第 2 章关于 MACE 制备方法中我们已经清楚,MACE 从工艺上通常可以分为两类:一种是金属粒子沉积和纳米结构刻蚀用一步工艺可以完成的一步法 MACE;另一种是金属粒子沉积和纳米结构刻蚀需要分别完成的两步法MACE。到目前为止,在大面积多晶硅纳米结构上,绝大多数研究都集中在用两步法 MACE 制备上。例如,Huang 等和 Lin 等均是基于两步法 MACE 在大面积多晶硅片上制备了硅纳米结构,制备成太阳电池器件,并分别实现了 11.86% 和 15.58% 的转换效率。但是,两步法 MACE 中由于强氧化剂 H_2O_2 的存在,制备出的硅纳米结构上会带有大量的多孔硅结构,这对太阳电池器件的性能是非常不利的。Xie 等研究发现,用两步法 MACE 刻蚀的硅纳米结构,随着 H_2O_2 浓度的降低,硅纳米结构的形貌变光滑,并且多孔硅越来越少,这一点通过硅纳米结构的 PL 发光谱得以证实,如图 6-5 所示。

　　总之,与两步法 MACE 相比,不使用 H_2O_2 的一步法 MACE 制备工艺更简单、成本更低、制备出的大面积硅纳米结构具有更光滑的形貌,所以在大规模的

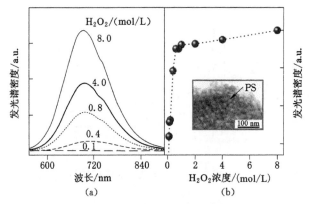

图 6-5　H_2O_2 浓度对 PL 发光谱的影响

（a）不同 H_2O_2 浓度下 PL 发光谱（514.5 nm 波长激发光）；（b）积分 PL 强度随 H_2O_2 浓度的变化关系

产业化应用上具备更大的优势。基于一步法 MACE 技术，一些作者得到了初步的研究结果。Liu 等用叠层 SiO_2/SiN_x 钝化了用一步法 MACE 制备的硅纳米结构，在多晶硅标准太阳电池尺寸（156 mm×156 mm）上实现了 15.8% 的转换效率。之后，Hsu 等基于一步法 MACE 技术，制备了效率为 16.38% 的 6″多晶硅太阳电池。但是，无论是利用一步法 MACE 还是两步法 MACE 制备的硅纳米结构，都难以实现令人满意的效率，特别是效率同传统太阳电池效率相比时，硅纳米结构太阳电池效率还是难以超越传统太阳电池效率。

　　本书中，我们在标准多晶硅太阳电池尺寸（156 mm×156 mm）硅片上，用一步法 MACE 技术成功制备了多晶硅基纳微米复合结构，首次实现了超过传统太阳电池（效率为 17.45%）、效率为 17.63% 硅基纳微米复合结构太阳电池。结果证明，更短的、用一步法平滑的硅基纳微米复合结构在取得良好器件电学特性方面扮演了关键角色，主要原因是它可以更有效地抑制表面复合、俄歇复合和 SRH 复合。通过降低电学复合损失和利用 $SiN_x:H$ 薄膜与硅基纳微米复合结构的联合减反效果，使得硅基纳微米复合结构太阳电池实现了超过传统太阳电池的效率。这种效率上的提升显示了一步法 MACE 硅纳米结构在大面积、大规模多晶硅太阳电池上的巨大应用潜力。

6.2　实验部分

6.2.1　硅基纳微米复合结构制备

　　本书中，我们采用 p 型、厚度为（200±10）μm、尺寸为 156 mm×156 mm、电阻

率约为 2 Ω·cm 的太阳级多晶硅片。多晶硅基纳微米复合结构由传统酸制绒微米结构和一步法 MACE 纳米结构组成。首先,酸制绒微米结构由 HF∶HNO₃∶DIW＝1∶3∶2.5(体积比)混合液在 8 ℃温度下,刻蚀 2.5 min 制备而成;然后,在微米结构的基础上,分别采用一步法 MACE 和两步法 MACE 制备了硅基纳微米复合结构,两种方法的工艺流程如图 6-6(a)和图 6-6(e)所示。一步法 MACE 工艺:将带有酸制绒微米结构的硅片洗净后,直接浸入 HF(4.0 mol/L)/AgNO₃(0.01 mol/L)混合液中,在室温下刻蚀一定的时间,在微米结构上形成纳米结构,得到硅基纳微米复合结构。两步法 MACE 工艺:将带有酸制绒微米结构的硅片洗净后,先在 HF(5.0 mol/L)/AgNO₃(0.02 mol/L)混合液中,在微米结构表面沉积银离子团簇,然后在 5.0 mol/L HF 和 0.1～1.0 mol/L H₂O₂ 刻蚀液中,在室温下刻蚀 60 s 时间,以获得硅基纳微米复合结构。最后,所有经过一步法 MACE 和两步法 MACE 刻蚀的硅片浸入 HNO₃∶DIW＝1∶1(体积比)溶液中 20 min,以去除结构表面银杂质残留,在经大量去离子水冲洗后用氮气吹干。

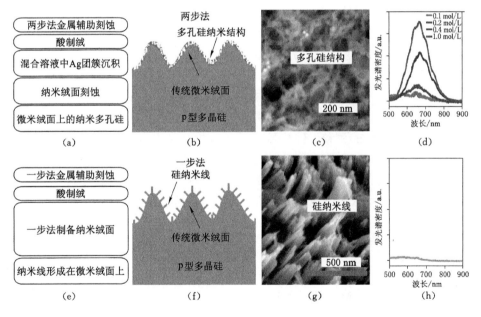

图 6-6　一步法 MACE 和两步法 MACE 对比

(a) 两步法 MACE 工艺流程;(b) 两步法 MACE 产生的多孔硅 PS 结构示意图;(c) 两步法 MACE 产生的多孔硅 PS 结构 SEM 图;(d) 两步法 MACE 刻蚀中,0.1 mol/L、0.2 mol/L、0.4 mol/L 和 1.0 mol/L H₂O₂ 浓度下 PL 发光谱,激发光波长 325.0 nm;(e) 一步法 MACE 工艺流程;(f) 一步法 MACE 硅纳米线阵列形貌示意图;(g) 一步法 MACE 硅纳米线阵列形貌 SEM 图;(h) 一步法 MACE 硅纳米线阵列的接近零 PL 谱(无 H₂O₂)

6.2.2 太阳电池制备工艺

经过 RCA 标准清洗后,将带有一步法 MACE 硅基纳微米复合结构、面积为 156 mm×156 mm 的多晶硅片放入扩散炉管中(Meridian,BTU),用 POCl₃热扩散的方法,在约 800 ℃条件下,扩散 40 min,制备电池的硅片采用正面单面扩散,有些用来进行形貌和电学表征的硅片采用双面扩散,随后用稀 HF 溶液去除磷硅玻璃。然后,用 PECVD 化学沉积方法(E2000 HT410-4,Centrotherm),在硅片正面沉积钝化膜 SiN$_x$;同时,对一些未扩散和双面扩散的硅片进行同时双面对称 SiN$_x$ 沉积,沉积温度为 400 ℃,沉积时间 40 min,SiN$_x$ 沉积源为 NH₄ 和 SiH₄。最后,电池均通过丝网印刷工艺(LTCC,BACCINI),印刷正面银电极、背电极以及背面铝浆,再经过 750 ℃烧结(CF-Series,Despatch),形成正面、背面欧姆接触以及铝背场。

6.2.3 表征

排硅基纳微米复合结构的形貌通过场发射扫描电镜 SEM(Sirion 200,FEI)表征。多孔硅的 PL 发光谱通过共焦拉曼系统(HR800 UV,Jobin Yvon HORI-BA),利用 325.0 nm 氦-铬激光作为激发光(IK Series,KIMMON)测量出来。样品的表面反射、太阳电池的内量子效率 IQE、外量子效率 EQE 通过 QE 测试平台(QEX10,PV Measurements)获得。氮化硅 SiN$_x$:H 薄膜厚度由椭偏仪(SE400,SENTECH)测量。钝化后的硅片有效少子寿命通过微波光电导衰减法(WT-1200A SEMILAB)测量。太阳电池的电学参数通过无锡尚德 I-V 测试系统测试获得,测试条件为 25 ℃、AM 1.5 标准测试条件。具有最高效率的硅基纳微米复合结构太阳电池性能由第三方测试机构 TÜV 莱茵独立认证。

6.3 结果与讨论

6.3.1 通过一步法 MACE 平滑的形貌

图 6-6(b)、(f)以示意图的形式,对比显示了一步法 MACE 和两步法 MACE 刻蚀纳米结构形貌的不同。很明显,两步法 MACE 在微米结构表面形成的硅纳米结构不规则,而一步法 MACE 硅纳米结构是平滑和有序的。需要指出的是,硅纳米结构和微米结构均对表面积增强有贡献,因此这种纳米和微米的复合结构用较短的纳米结构就可以实现同样低的反射率,这样有利于控制复合损失。以上形貌上的不同可以通过它们的 SEM 图分别得到印证,如图 6-6(c)

和图 6-6(g)所示。由详细的 SEM 图可以看出,两步法 MACE 会在多晶硅片表面形成多孔硅,而且多孔硅 PS 的厚度在其他刻蚀条件不变的情况下,随着 H_2O_2 浓度的增加而线性增加。文献[5]指出,由阳极氧化或者是带有氧化剂的刻蚀溶液(HF/H_2O_2)产生的多孔硅 PS,通常会产生一个可见光的 PL 发光谱。在图 6-6(d)中,展示了不同浓度下两步法 MACE 刻蚀的多孔硅产生的 PL 谱。PL 谱清楚地显示了 550~850 nm 范围内的宽光谱发光,发光峰大约在 670 nm,这是多晶多孔硅的本征发光峰。重要的是,多孔硅 PL 发光谱的强度随着 H_2O_2 浓度的降低而迅速下降,当 H_2O_2 浓度降至 0,也就是两步法 MACE 变为一步法 MACE 时,PL 发光谱的强度消失,这一现象和之前文献中得到的结果一致。这也意味着两步法中 H_2O_2 浓度越低,PS 多孔硅的缺陷就越少,当 H_2O_2 浓度降至 0,两步法 MACE 变成一步法 MACE[见图 6-6(h)],PS 多孔硅消失。众所周知,PS 多孔硅缺陷具有严重的表面复合,对太阳电池器件的内量子效率光谱响应十分不利,最终导致太阳电池输出性能下降,特别是对电池开路电压影响较大。因此,可以预见,不产生 PS 多孔硅缺陷、形貌更加光滑的一步法 MACE 是一种制备高效硅纳米结构高效太阳电池更为有效的方法。

接下来,我们系统研究了在多晶硅纳米结构刻蚀方面,一步法 MACE 刻蚀时间对硅基纳微米复合结构形貌的影响。如图 6-7(a)~图 6-7(c)分别显示了刻蚀时间为 500 s、700 s 和 900 s 的一步法 MACE 多晶硅基纳微米复合结构形貌。类似于单晶硅基纳微米复合结构刻蚀,在多晶硅基纳微米复合结构刻蚀过程中,微米绒面顶部的刻蚀速率比底部的刻蚀明显快,因此底部硅纳米线长度更长、直径更小。通过图 6-7(a)~图 6-7(c)的插图可以将细节看得更清楚,在微米绒面顶部接合处,500 s 刻蚀时间的硅纳米线高度大约 200 nm、纳米线直径约 68 nm,700 s 刻蚀时间的硅纳米线高度增长为 500 nm、纳米线直径略微降低为约 60 nm,900 s 刻蚀时间的硅纳米线高度继续增加为 670 nm、纳米线直径降为 55 nm。因为硅基纳微米复合结构的引入,使得硅基纳微米复合结构的表面积与平面结构相比有了很大提高,为了定量描述这种表面积增强,我们引入一个新的参数 β——表面积增强因子,定义如下:

$$\beta = A_{N/M}/A_M \tag{6-1}$$

式中,$A_{N/M}$ 为硅基纳微米复合结构的表面积,A_M 为纯微米酸制绒的表面积。利用定义,我们可以计算出 500 s、700 s 和 900 s 三个系列硅基纳微米复合结构的表面积增强因子 β 分别为 2.06、3.42 和 3.98。注意表面积增强因子 β 由硅纳米线的高度、直径和面密度决定,β 具体的算法可参考第 3 章单晶硅基纳微米复合结构表面积增强因子的计算过程,这里不再赘述。图 6-7(d)说明了表面积增强因子 β 的大小随刻蚀时间基本呈线性增长。

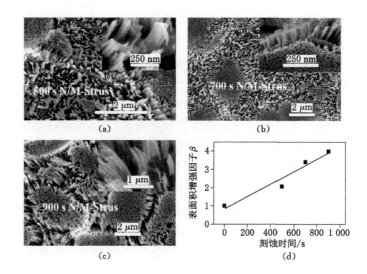

图 6-7　一步法 MACE 平滑的硅基纳微米复合结构形貌

(a)～(c) 500 s、700 s 和 900 s 刻蚀的硅基纳微米复合结构形貌侧视 SEM 图；
(d) 硅基纳微米复合结构表面积增强因子 β 随刻蚀时间的变化关系

6.3.2　光学特性

因为硅基纳微米复合结构的陷光效果直接影响到进入太阳电池器件的光子数目，所以硅基纳微米复合结构具备优异的光学性能是获得器件良好性能的先决条件。本节将重点讨论一步法 MACE 平滑的硅基纳微米复合结构在几种条件下的光学性能，包括刚刻蚀好的、去磷硅玻璃后的、氮化硅薄膜覆盖后的以及做成电池后(丝网印刷)的 4 种情况。图 6-8(a)说明了硅基纳微米复合结构在括刚刻蚀好、去磷硅玻璃后和做成电池后(丝网印刷)3 种情况下，表面积增强因子对太阳谱加权平均反射率的影响。根据 AM 1.5 在 300～1 100 nm 波长范围的太阳谱分布，加权平均反射率利用如下公式计算获得：

$$R_{ave} = \frac{\int_{300}^{1\,100} R(\lambda)S(\lambda)\mathrm{d}\lambda}{\int_{300}^{1\,100} S(\lambda)\mathrm{d}\lambda} \tag{6-2}$$

$R(\lambda)$ 和 $S(\lambda)$ 分别是测量的表面反射谱和 AM 1.5 光子流密度谱。很明显，刚刻蚀的和去磷硅玻璃的两种情形下的硅基纳微米复合结构平均反射率随着表面积增强因子的增大显示了更快速的下降，而制成电池后，由于表面沉积了一层 SiN_x 减反射薄膜，即使表面积增强因子很小的情况下，反射率已经很低，因此随着表面积的增强，平均反射率下降的趋势较前两种情况变缓。根据式(6-2)计

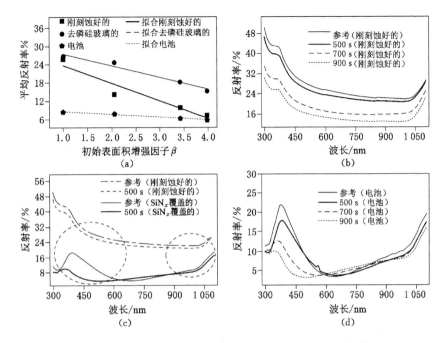

图 6-8 一步法 MACE 硅基纳微米复合结构的光学反射特性

（a）在刚刻蚀好的、沉积 SiN_x 薄膜后的和做成电池的三种情况下，硅基纳微米复合结构的太阳谱加权
积分平均反射率随 β 的变化图；（b）刚刻蚀好的 500 s、700 s 和 900 s 硅基纳微米复合结构的反射谱
（纯微米酸制绒的作为参考）；（c）500 s 硅基纳微米复合结构和参考片，在刚刻蚀好的、做成电池后的
反射率变化对比；（d）做成电池后的 500 s、700 s 和 900 s 硅基纳微米复合结构太阳反射谱对比
（纯微米酸制绒的作为参考）

算，在做成电池的情况下，参考电池和三个系列电池的平均反射率分别为8.47%
（$\beta=1.0$）、7.83%（$\beta=2.06$）、6.40%（$\beta=3.42$）和 5.77%（$\beta=3.98$）。另外，对
于相同 β 的情况下，去磷硅玻璃的反射率比刚刻蚀的要高，主要原因是磷硅玻璃
去除后，硅纳米线的长度变小；做成电池后，硅基纳微米复合结构表面反射率最
低，原因是表面沉积的 SiN_x 减反射薄膜和硅基纳微米复合结构具有联合减反射
作用。需要注意的是，尽管去磷硅玻璃的工艺会轻微影响硅基纳微米复合结构
原来的形貌，但是去磷硅玻璃工艺的稳定性可以保证后程做成的硅基纳微米复
合结构太阳电池工艺稳定性。图 6-8(b) 进一步显示了刚刻蚀好的 500 s、700 s
和 900 s 三个硅基纳微米复合结构系列在 300～1 100 nm 波长范围内的反射谱，
并以微米酸制绒的反射谱作为参考。很明显，微米酸制绒的反射率在整个光谱
范围内都比硅基纳微米复合结构的高；对于复合结构来说，随着刻蚀时间的增
加，整个光谱范围内的反射率都在降低，这主要得益于硅纳米结构在短波段的陷

光以及纳微米复合结构在中长波段密度渐变的光学减反射。

为了更深入地理解硅基纳微米复合结构与$SiN_x:H$薄膜的联合减反射,我们比较了在刚刻蚀好的和沉积好$SiN_x:H$薄膜的两种情况下,500 s硅基纳微米复合结构和纯微米酸制绒的反射谱,如图6-8(c)所示。对刚刻蚀好的情况来说,500 s硅基纳微米复合结构的反射率在300~1 100 nm波长范围内均略低于微米酸制绒的反射。但是,当$SiN_x:H$薄膜沉积完毕后,在光谱的两端,即中短波段300~600 nm和长波段900~1 100 nm(图中虚椭圆线框)波长范围,两者的反射率差别被进一步拉大。这种减反射能力的增强主要得益于结构+薄膜的互补减反射:密度渐变的硅基纳微米复合结构在短波段的陷光和$SiN_x:H$薄膜在长波段减反射效果。图6-8(d)显示了500 s、700 s和900 s三个硅基纳微米复合结构系列,在沉积同样的$SiN_x:H$薄膜并经过相同的丝网印刷正面电极工艺后,反射谱的变化关系,以微米酸制绒反射谱作为参考。可以看出,在丝网印刷正面电极后,硅基纳微米复合结构的反射曲线形状与丝网印刷前的反射曲线形状基本一致,只是整体反射率略低一点,这主要是由正面银电极的反射造成的。重要的是,对这三个系列来说,随着刻蚀时间的增加(β增加),尽管中波段600~900 nm波长范围反射略微增高,但在300~600 nm和900~1 100 nm波长范围,表面反射率明显降低,可以预期这将有利于太阳电池效率的提高。从理论上来说,光电流和反射率之间的关系是:

$$I_{sc,th} = \int A \frac{e\lambda}{hc} S(\lambda)(1-R(\lambda))IQE(\lambda)d\lambda \tag{6-3}$$

式中,A和e/hc分别是太阳电池面积和电荷常数。假设太阳电池内量子效率$IQE=1$,那么所有反射率的降低都将使太阳电池的光电流和转换效率直接受益。

6.3.3 电学特性

我们知道,$PECVD\text{-}SiN_x:H$薄膜具有优良的钝化能力,它可以提供悬挂键饱和的纯表面钝化和H原子扩散的体钝化。在本小节中,我们基于一步法MACE平滑的多晶硅基纳微米复合结构,调查硅基纳微米复合结构形貌对电性能的影响,深入了解多晶硅基纳微米复合结构太阳能电池电学损耗机制。

图6-9(a)显示了一步法MACE平滑的多晶硅基纳微米复合结构(500系列)沉积$PECVD\text{-}SiN_x:H$薄膜后的表面形貌,可以看出,$PECVD\text{-}SiN_x:H$薄膜比较均匀和共形地覆盖在硅基纳微米复合结构的表面。通过SEM图像,我们可以大概估计出$PECVD\text{-}SiN_x:H$薄膜的厚度为65 nm左右,同样的PECVD工艺,沉积在纯微米酸制绒的表面,$SiN_x:H$薄膜的厚度约为80 nm左右。这种厚

度的减小是由于硅基纳微米复合结构大的表面积引起的,因为沉积源在总量不变的情况下,表面积越大,膜的厚度自然会减小。当然,在 PECVD-SiN$_x$:H 薄膜厚度达到 40～50 nm 的情况下,即可保证良好的表面钝化。接下来,我们讨论 PECVD-SiN$_x$:H 钝化的掺杂原硅片、扩散后(形成 p-n 结)以及制成电池后几种情形下,样品中的复合机制,以深入理解一步法 MACE 硅基纳微米复合结构多晶硅太阳电池的电学损失。

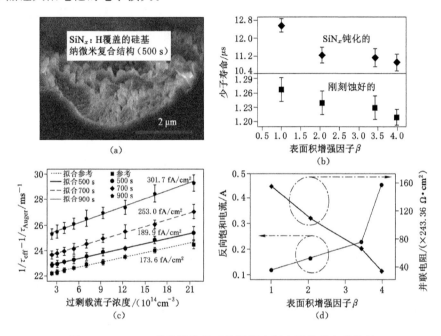

图 6-9　SiN$_x$:H 薄膜钝化的硅基纳微米复合结构的电学特性

(a) SiN$_x$:H 薄膜钝化的硅基纳微米复合结构形貌 SEM 侧视图;

(b) 刚刻蚀好的和 SiN$_x$:H 薄膜钝化的硅基纳微米复合结构的少子寿命随 β 的变化情况;

(c) $1/\tau_{\text{eff}} - 1/\tau_{\text{Auger}}$ 随过剩载流子浓度 Δn 的变化关系;

(d) 硅基纳微米复合结构太阳电池的反向饱和电流(漏电电流)和并联电阻随 β 的变化关系

　　厚度为 d 的掺杂硅片的表面复合通常和测量的有效少子寿命 τ_{eff} 联系起来,如下式:

$$1/\tau_{\text{eff}} = 1/\tau_{\text{bulk}} + (S_{\text{eff}}^{\text{F}} + S_{\text{eff}}^{\text{B}})/d \qquad (6\text{-}4)$$

式中,τ_{bulk}、$S_{\text{eff}}^{\text{F}}$ 和 $S_{\text{eff}}^{\text{B}}$ 分别是硅片的体寿命、前表面复合速率和后表面复合速率。

　　对硅基纳微米复合结构来说,其前表面面积非常大,因此我们引入局域表面复合速率 $S_{\text{loc}}^{\text{F}}$ 这一概念,它和复合速率的关系是 $S_{\text{eff}} = \beta S_{\text{loc}}^{\text{F}}$,这样我们对硅基纳微米复合结构的样品进行双面对称钝化,式(6-4)就可以改写为:

$$\frac{1}{\tau_{\text{eff}}} = \frac{1}{\tau_{\text{bulk}}} + \beta S_{\text{loc}}^{\text{F}} \cdot \frac{2}{d} \tag{6-5}$$

对于非扩散的硅片来说，Auger 复合损失可以忽略。图 6-9（b）显示了刚刻蚀的和 $SiN_x : H$ 钝化的硅基纳微米复合结构样品的有效少子寿命 τ_{eff} 均随 β 的增大而略微降低，这和我们之前的研究结果是一致的。很明显，刚刻蚀的三个系列硅基纳微米复合结构的硅片少子寿命值均非常低，但是 $SiN_x : H$ 钝化后，得益于 $SiN_x : H$ 的优异钝化效果，少子寿命提高了至少一个数量级。需要注意的是，对于钝化后三个系列的少子寿命值比较接近，这也更进一步说明了 $SiN_x : H$ 钝化效果的优异性。

对于扩散后的硅片来说，通常用发射极饱和电流密度 J_{0e} 来表征发射极的表面复合和俄歇复合，表达式如下：

$$\frac{1}{\tau_{\text{eff}}} - \frac{1}{\tau_{\text{Auger}}} = \frac{1}{\tau_{\text{SRH}}} + (J_{0e\,(\text{front})} + J_{0e\,(\text{back})}) \frac{N_A + \Delta n}{q n_i^2 d} \tag{6-6}$$

式中，τ_{Auger} 和 τ_{SRH} 分别代表俄歇复合寿命和仅考虑 SRH 复合时的体寿命，N_A 是 p 型硅基底的掺杂浓度，Δn 为过剩载流子浓度，q 为电子电荷，n_i 是室温下本征载流子浓度。为了准确表示硅基纳微米复合结构发射极的复合损失，我们用一步法 MACE 对硅片进行双面硅基纳微米复合结构对称刻蚀，随后进行双面对称扩散，最后用 $SiN_x : H$ 进行双面对称钝化，这样可以保证 $J_{0e(\text{front})} = J_{0e(\text{back})}$。我们基于微波光电导方法测量了这种样品的有效少子寿命，图 6-9（c）显示了样品 $1/\tau_{\text{eff}} - 1/\tau_{\text{Auger}}$ 随注入浓度 Δn 的变化关系，其中 τ_{Auger} 的计算基于 Kerr 俄歇复合模型。可以看出 $1/\tau_{\text{eff}} - 1/\tau_{\text{Auger}}$ 随 Δn 呈线性增长趋势，根据拟合曲线的斜率和方程（6-6），我们可以计算出 500 s、700 s 和 900 s 三个硅基纳微米复合结构系列的发射极饱和电流密度 J_{0e} 分别为 189.9 fA/cm^2、253.0 fA/cm^2 和 301.7 fA/cm^2，纯微米酸制绒的发射极饱和电流密度为 173.6 fA/cm^2。这说明，随着表面积增强因子 β 的增加，发射极饱和电流密度越来越大，也就意味着发射极表面和俄歇复合损失也越来越大。上节中已经讨论过，$SiN_x : H$ 具有很好的表面钝化效果，因此发射极饱和电流密度 J_{0e} 的增加主要来自于俄歇复合损失以及一些 SRH 复合损失，造成这一现象的原因是具有更大表面积的硅基纳微米复合结构在重掺杂扩散时会产生更厚的"死层"，这和文献[15]和[25]中讨论的结果一致。另外，我们注意到 500 s 系列的硅基纳微米复合结构和纯微米酸制绒（参考）的结构具有近似的发射极饱和电流密度值（189.9 fA/cm^2 和 173.6 fA/cm^2），但 700 s 和 900 s 系列显示的发射极电学性能则比参考样品差得多。这也就提醒我们，虽然刻蚀时间越长的硅基纳微米复合结构光学性能变好，但是同时电学性能在变差，因此我们必须在光学增益和电学损失之间做出很好的平衡，才能实现器件的良好性能。

对于硅纳米结构太阳电池来说,Shen 等认为由于 p-n 结的不规则性而引入了一个横向电场,这个横向电场可以解释硅纳米结构太阳电池为什么具有更大的漏电电流和小的并联电阻的问题。我们认为,由于横向电场的存在,会通过增加缺陷对电子和空穴的俘获概率而引起一个额外的 SRH 复合损失,从而导致更大的漏电电流和小的并联电阻。因此,有必要研究硅基纳微米复合结构的不均匀性(β 的大小)对太阳电池的漏电电流和并联电阻的影响。图 6-9(d)说明随着 β 从 1 增加到 3.98(β 的增大意味着 p-n 结的不均匀性增加),硅基纳微米复合结构太阳电池漏电电流 I_{rev} 从 0.165 A 变为 0.451 A,相反并联电阻 R_{sh} 从 26 575 $\Omega \cdot cm^2$ 降为 8 415 $\Omega \cdot cm^2$。以上结果从另外一个侧面印证了我们之前的猜测,即具有更大表面积增强因子的硅基纳微米复合结构太阳电池,由于侧向电场的增强而带来额外的 SRH 复合损失,而使得电池的电学损失增大,即 I_{rev} 升高和 R_{sh} 减小,最终将导致电池的开路电压明显下降,这一点从下一节的讨论中也能看出。

我们可以对一步法 MACE 硅基纳微米复合结构太阳电池的电学性能总结如下:随着 β 的增大,电池的表面复合、俄歇复合以及 SRH 复合均会增加,综合电学损失导致器件性能恶化。因此,我们可以通过控制 β 的大小,即形貌的优化,使得在获得适当光学增益的前提下,尽量控制电学复合损失,达到光电平衡,最终实现这种硅基纳微米复合结构多晶硅太阳电池高效率转换。

6.3.4 电池器件性能

基于以上光电分析,我们制备了一步法 MACE 硅基纳微米复合结构太阳电池,其输出性能参数见表 6-1。很明显,其短路电流 I_{sc} 随着 β 的增长呈现略微增加的趋势,并且均高于参考电池的短路电流,这主要归因于硅基纳微米复合结构带来的光学增益。相反,电池的开路电压 V_{oc} 却呈现下降的趋势,并且均低于参考电池的开路电压,原因是硅基纳微米复合结构带来的大的表面复合、俄歇复合和额外的 SRH 复合损失。此外,正如电学部分所讨论的,漏电电阻和电流受到表面增强因子的影响非常大,意味着更短的纳米结构更有利于电池性能;而串联电流并未发生明显改变,说明硅基纳微米复合结构的电极欧姆接触非常好,而这种好的欧姆接触对电池的填充因子 FF 也是非常有利的,电极接触好的原因主要是银电极和致密的硅纳米线之间有充分的接触面积。总之,由于光学增益和电学损失之间的平衡,使得 500 s 系列的硅基纳微米复合结构多晶硅太阳电池具有最高的平均效率 17.57%,这个效率以绝对值 0.12% 超过参考电池的 17.45%。为了说明一步法 MACE 太阳电池的优越性,我们同时制备的两步法

硅基纳微米复合结构阵列高效太阳电池器件及物理

表 6-1　硅基纳微米复合结构太阳电池和参考电池的实验和 PC1D 模拟结果对比

电池类型 (156 mm×156 mm)	实验									模拟		理论最大值	
	I_{sc} /A	V_{oc} /V	FF /%	η /%	I_{rev} /A	R_{ser} /(Ω·cm²)	R_{sh} /(Ω·cm²)	方块电阻 /(Ω/□)	R_{ave} /%	DL/nm	η /%	$I_{sc,th}$ /A	η_{th} /%
500 s 硅基纳微米复合结构电池	8.583 9	0.625 8	79.59	17.57	0.165	0.479 4	26 575	81	7.83	120.0	17.65	9.715	19.84
700 s 硅基纳微结构电池	8.592 4	0.624 4	79.62	17.45	0.227	0.464 8	16 269	75	6.40	152.0	17.38	9.807	20.03
900 s 硅基纳微米复合结构电池	8.595 4	0.622 3	79.07	17.22	0.451	0.472 1	8 415	70	5.77	170.0	17.23	9.856	20.13
参考电池	8.552 6	0.626 1	79.26	17.45	0.119	0.503 7	37 964	85	8.47	101.0	17.47	9.644	19.70

说明：太阳电池输出参数实验测试是在尚德生产线上，在 AM 1.5 标准光照条件下测试。PC1D 参数设置如下：p 型基底掺杂浓度、n^+ 发射极掺杂浓度、p 型硅体寿命和电池串联电阻分别设置为 2.65×10¹⁶ cm⁻³、8.23×10¹⁹ cm⁻³、50.0 μs、1.90×10⁻³ Ω。$I_{sc,th}$ 和 η 的理论最大值根据式(6-3)和 $\eta = I_{sc,th}V_{oc}FF/P_{in}$ 计算。

MACE 硅基纳微米复合结构多晶硅太阳电池,其效率仅仅为 16.85%,其他参数为:$I_{sc}=8.610$ A,$V_{oc}=0.617$ 9 V,$R_s=0.759$ 3 Ω·cm²,$I_{rev}=0.557$ 6 A。进一步,同未优化的 900 s 一步法 MACE 太阳电池相比,500 s 系列尽管和它具有类似的光学性能,但因为电学损失低,所以最后制成的电池效率以绝对值 0.4% 超过了 900 s 系列的效率。考虑到一步法 MACE 在工艺步骤、成本和器件性能上的优势,我们相信一步法 MACE 是一种更划算更和有效的制备大面积多晶硅纳米结构太阳电池技术。

为了进一步了解硅基纳微米复合结构形貌对 IQE 的影响,我们测量了三个系列的 IQE,并且对每个系列的 IQE 用 PC1D 软件进行模拟,并对比它们的差异,如图 6-10(a)所示。通常,电池总的 IQE 可以认为由如下三部分构成:

$$IQE = IQE_{ER} + IQE_{SCR} + IQE_{BSR} \qquad (6\text{-}6)$$

式中,IQE_{ER}、IQE_{SCR} 和 IQE_{BSR} 分别表示太阳电池在发射极区、空间电荷区和背表面区的量子效率。在不同的区域,不同的复合机制起着支配作用。例如,在发射极 ER 区,表面复合和俄歇复合起主导作用;在 SCR 空间电荷区,SRH 复合占上风;而在 BSR 背表面区,主要包含表面复合。

首先,在发射极区,随着 β 的增电池的 IQE 变差,主要是是由于 β 越大的硅基纳微米复合结构在扩散时会产生更厚的"死层",这一点可以在文献[15]和[25]中得到证明。为了说明这一点,我们利用 PC1D 软件模拟了硅基纳微米复合结构多晶硅太阳电池的 IQE,详细的参数设置见表 6-1。因为,我们设置参数时主要参考生产线上电池的参数,所以模拟结果是可靠的。另外,模拟结果和实验结果是非常吻合的,这也从另一个侧面说明了模拟参数的可靠性。为了将模拟结果和实验结果匹配起来,我们必须将 500 s、700 s 和 900 s 系列电池的"死层"厚度设置为 120.0 nm、152.0 nm 和 170.0 nm,这和我们之前得到的具有更大 β 的硅基纳微米复合结构发射极方阻更低这一结果是一致的。也就是说,这种来自于表面和俄歇复合的更多电学损失是由于"死层"厚度的增加而引起的。其次,在空间电荷区,随着 β 值的增大,由横向电场(p-n 结不均匀性)导致的 SRH 复合损失越来越大而导致此区域的 IQE 下降,这和我们在 6.4.3 节中讨论的结果一致。最后,在背表面区域的 IQE 随着 β 值的增大而不变,因为在表面的电池工艺是相同的。总之,硅基纳微米复合结构多晶硅太阳电池随着 β 值的减小,由于其在发射极区和空间电荷区的表面复合、俄歇复合和 SRH 复合损失减小,在背表面区的表面复合损失不变,最终使得具有更短纳米结构的电池具有更好的 IQE。假设 $IQE=1$,理论上预测的最大短路电流 $I_{sc,th}$ 和转换效率 η_{th} 见表 6-1。随着 β 值的增大,实验的短路电流 I_{sc} 显示了和理论预测的 $I_{sc,th}$ 一样的增长趋势,而由于快速恶化的 IQE,使得电池转换效率 η 的实验值却出现下降趋势。

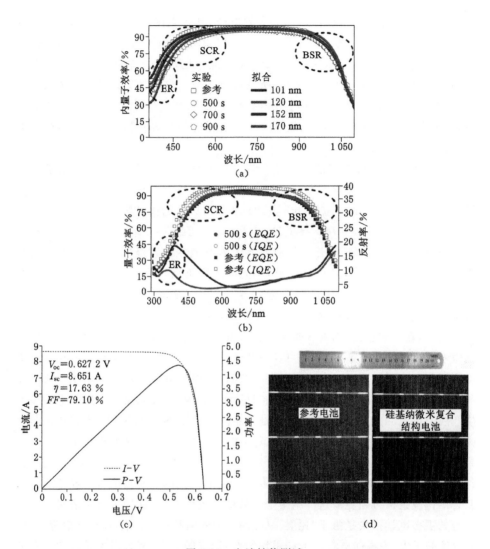

图 6-10　电池性能测试

(a) 实际测试的(中空点线)和 PC1D 模拟的(实线)电池内量子效率 *IQE*；

(b) 500 s 系列硅基纳微米复合结构太阳电池和参考电池在 *IQE*、*EQE* 和反射谱上的对比；

(c) 效率最高为 17.63% 的硅基纳微米复合结构多晶硅太阳电池输出参数、*I-V* 和

P-V 曲线(由 TÜV 莱茵独立认证)；

(d) 硅基纳微米复合结构多晶硅太阳电池和参考太阳电池的正面图片对比

　　通过比较 500 s 系列的硅基纳微米复合结构基太阳电池和参考电池两者之间的 *IQE*、*EQE* 和反射谱，图 6-10(b) 清楚地显示了太阳电池器件的光学增益和电学损失之间的权衡。尽管 500 s 系列的硅基纳微米复合结构基太阳电池在

发射极区和空间电荷区比参考电池具有更差的 IQE,但是由于在相应区域的优异光学增益,使得电池的 EQE 在发射极区保持了和参考电池相同的水平,在空间电荷区的 EQE 却比参考电池更高;进一步,因为两种电池在背表面区域具有相同的 IQE,500 s 硅基纳微米复合结构太阳电池在长波段具有更高的光学增益,所以电池在背表面区域比参考电池具有更高的 EQE。综上在三个区域的 EQE 的分析,受益于光学性能的提升和电学损失的控制,使得电池在背表面区和空间电荷区的 EQE 得到提升,最终使得电池的转换效率实现提高。在制备的 500 s 硅基纳微米复合结构太阳电池中,最高的效率值达到 17.63%,同时具有短路电流 $I_{sc}=8.6510$ A(电流密度 $J_{sc}=35.56$ mA/cm²),开路电压 $V_{oc}=0.6272$ V 和填充因子 $FF=79.10\%$。具有最高效率电池的参数和 I-V(P-V)曲线是由第三方认证机构 TÜV 莱茵独立测试,如图 6-10(c)所示。图 6-10(d)显示了面积为 156 mm×156 mm 硅基纳微米复合结构多晶硅太阳电池(右)和参考电池(左,纯微米酸制绒)的正面照片,可以看出硅基纳微米复合结构多晶硅太阳电池的表面明显比参考电池黑,并且表观看起来比较均匀,只有极个别边缘区域由于硅篮的阻挡,不太均匀,需要进一步在工艺上进行改进。

6.4 本章小结

综上,基于一步法 MACE 和两步法 MACE 技术,我们制备了多晶硅基纳微米复合结构,并且对比调查了制备工艺、形貌和 PL 发光谱。室温下的 PL 发光谱证明了一步法 MACE 比两步法 MACE 更具有优势,因为一步法 MACE 制备的多晶硅基纳微米复合结构具有更光滑的形貌、更有序的结构排布,而且没有多孔硅 PS 缺陷。因此,我们基于一步法 MACE 和丝网印刷技术制备了 156 mm×156 mm 标准尺寸的硅基纳微米复合结构太阳电池。光学特性的研究显示,随着 β 值的增大,即纳米线长度的增加,平均反射率 R_{ave} 逐渐降低,特别是在短波段降低更明显。尽管具有更长纳米线的硅基纳微米复合结构具有更低的反射率,暗示了具有更高的光电流提高,但是电学分析显示具有更大 β 值的硅基纳微米复合结构太阳电池受制于更大的表面复合、俄歇复合和 SRH 复合,反而会恶化太阳电池的电学性能。因此,在光伏器件上,具有更短纳米线硅基纳微米复合结构具有更大的优势。另外,具有更大 β 值的硅基纳微米复合结构基太阳电池电学特性的恶化,也可以通过理论(PC1D 模拟)和实验上的 IQE 结果得到证实。通过光学增益和电学损失的权衡,我们发现 500 s 硅基纳微米复合结构多晶硅太阳电池在短波段和长波段均具有更高的 EQE,因此具有更高的短路电流 I_{sc}、相似的开路电压 V_{oc} 和填充因子 FF,最终实现了电池最高效率 17.63%(TÜV 莱茵认证)和平均效率 17.57%。这个平均效率超过了传统微米酸制绒多晶硅太阳电池的效率(17.45%),这是首次报道纳米结构多晶硅太阳电池效率超过参考电池。通过利用工艺简单、成本低、容易制备光滑的形貌和工艺完全同产线兼容的一步法 MACE 技术,实现了硅基纳微米复合结构太阳电池效率的提升,并首次超过了参考电池效率,这强烈推动了硅纳米结构太阳电池的研究进展,并且显示了这种技术在高效硅纳米结构太阳电池在大规模商业太阳电池上的巨大应用潜力。

参考文献

[1] 马克沃特,卡斯特纳. 太阳电池:材料、制备工艺及检测[M]. 梁俊吾,等,译. 北京:机械工业出版社,2009.

[2] ABERLE A G. Surface passivation of crystalline silicon solar cells:a review[J]. Progress in Photovoltaics Research and Applications,2000,8(5):473−487.

[3] BRANZ H M,YOST V E,WARD S,et al. Nanostructured black silicon and the optical reflectance of graded-density surfaces[J]. Applied Physics Letters,2009,94(23):1850.

[4] CHEN C,JIA R,LI H,et al. Electrode-contact enhancement in silicon nanowire-array-textured solar cells[J]. Applied Physics Letters,2011,98(14):885.

[5] CULLIS A G,CANHAM L T,CALCOTT P D J. The structural and luminescence properties of porous silicon[J]. Journal of Applied Physics,1997,82(3):909-965.

[6] FANG H,LI X,SONG S,et al. Fabrication of slantingly-aligned silicon nanowire arrays for solar cell applications[J]. Nanotechnology,2008,19(25):255703.

[7] GARNETT E,YANG P D. Light trapping in silicon nanowire solar cells[J]. Nano Letters,2010,10(3):1082-1087.

[8] HAN S E,CHEN G. Optical absorption enhancement in silicon nanohole arrays for solar photovoltaics[J]. Nano Letters,2010,10(3):1012-1015.

[9] HUANG B R,YANG Y K,LIN T C,et al. A simple and low-cost technique for silicon nanowire arrays based solar cells[J]. Solar Energy Materials and Solar Cells,2012,98:357-362.

[10] HUANG B R,YANG Y K,YANG W L. Efficiency improvement of silicon nanostructure-based solar cells[J]. Nanotechnology,2014,25(3):035401.

[11] HUANG Z,ZHONG S,HUA X,et al. An effective way to simultaneous realization of excellent optical and electrical performance in large-scale Si nano/microstructures[J]. Progress in Photovoltaics Research and Applications,2015,23(8):964-672.

[12] KAYES B M,ATWATER H A,LEWIS N S. Comparison of the device physics principles of planar and radial p-n junction nanorod solar cells[J]. Journal of Applied Physics,

2005,97(11):610-149.

[13] KELZENBERG M D,BOETTCHER S W,PETYKIEWICZ J A,et al. Enhanced absorption and carrier collection in Si wire arrays for photovoltaic application[J]. Nature Materials,2010,9(3):239-244.

[14] KERR M J,CUEVAS A. General parametrization of Auger Recombination in crystalline silicon[J]. Journal of Applied Physics,2002,91(4):2473-2480.

[15] KIM J Y ,KWON M K ,LOGEESWARAN V J ,et al. Postgrowth in situ chlorine passivation for suppressing surface-dominant transport in silicon nanowire devices[J]. IEEE Transactions on Nanotechnology,2012,11(4):782-787.

[16] KOYNOV S,BRANDT M S,STUTZMANN M . Black nonreflecting silicon surfaces for solar cells[J]. Applied Physics Letters,2006,88(20):203107.

[17] KUMAR D,SRIVASTAVA S K,SINGH P K,et al. Fabrication of silicon nanowire arrays based solar cell with improved performance[J]. Solar Energy Materials and Solar Cells,2011,95(1):215-218.

[18] LI Y L,YU H Y,LI J S,et al. Novel silicon nanohemisphere-array solar cells with enhanced performance[J]. Small,2011,7(22):3138-3143.

[19] LIN C H,DIMITROV D Z,DU C H,et al. Influence of surface structure on the performance of black - silicon solar cell[J]. Physica Status Solidi,2010,7(11-12):2778-2784.

[20] LIN X X ,HUA X ,HUANG Z G ,et al. Realization of high performance silicon nanowire based solar cells with large size[J]. Nanotechnology,2013,24(23):235402.

[21] LIU S Y,NIU X W,SHAN W,et al. Improvement of conversion efficiency of multicrystalline silicon solar cells by incorporating reactive ion etching texturing[J]. Solar Energy Materials and Solar Cells,2014,127(1):21-26.

[22] LIU Y P,LAI T,LI H L,et al. Nanostructure formation and passivation of large-area black silicon for solar cell applications[J]. Small,2012,8(9):1392-1397.

[23] NAUGHTON M J,KEMPA K,REN Z F,et al. Efficient nanocoax-based solar cells[J]. Physica Status Solidi (RRL) - Rapid Research Letters,2010,4(7):181-183.

[24] NAYAK B K,IYENGAR V V,GUPTA M C. Efficient light trapping in silicon solar cells by ultrafast - laser - induced self - assembled micro/nano structures[J]. Progress in Photovoltaics Research and Applications,2011,19(6):631-639.

[25] OH J ,YUAN H C ,BRANZ H M . An 18. 2%-efficient black-silicon solar cell achieved through control of carrier recombination in nanostructures[J]. Nature Nanotechnology,2012,7(11):743-748.

[26] PENG K ,XU Y ,WU Y ,et al. Aligned single-crystalline Si nanowire arrays for photovoltaic applications[J]. Small,2010,1(11):1062-1067.

[27] SHEN Z,LIU B,XIA Y,et al. Black silicon on emitter diminishes the lateral electric field and enhances the blue response of a solar cell by optimizing depletion region uniformity

　　　［J］. Scripta Materialia,2013,68(3-4):199-202.

［28］ SHU Q K ,WEI J Q ,WANG K L ,et al. Hybrid heterojunction and photoelectrochemis-try solar cell based on silicon nanowires and double-walled carbon nanotubes［J］. Nano Letters,2009,9(12):4338-4342.

［29］ STALMANS L,POORTMANS J,BENDER H,et al. Porous silicon in crystalline silicon solar cells:a review and the effect on the internal quantum efficiency［J］. Progress in Photovoltaics Research and Applications,1998,6(4):233-246.

［30］ SYU H J,SHIU S C,HUNG Y J,et al. Influences of silicon nanowire morphology on its electro - optical properties and applications for hybrid solar cells［J］. Progress in Photo-voltaics Research and Applications,2013,21(6):1400-1410.

［31］ TOOR F,BRANZ H M,PAGE M R,et al. Multi-scale surface texture to improve blue response of nanoporous black silicon solar cells［J］. Applied Physics Letters,2011,99 (10):103501.

［32］ WANG X ,PENG K Q ,PAN X J,et al. High-performance silicon nanowire array photo-electrochemical solar cells through surface passivation and modification［J］. Angewandte Chemie International Edition,2011,50(42):9861-9865.

［33］ XIAO G,LIU B,LIU J,et al. The study of defect removal etching of black silicon for so-lar cells［J］. Materials Science in Semiconductor Processing,2014,22(1):64-68.

［34］ XIE W Q,OH J I,SHEN W Z. Realization of effective light trapping and omnidirectional antireflection in smooth surface silicon nanowire arrays［J］. Nanotechnology, 2011, 22 (6):065704.

［35］ YANG W J,MA Z Q,TANG X,et al. Internal quantum efficiency for solar cells［J］. Solar Energy,2008,82(2):106-110.

［36］ YUAN H C ,YOST V E ,PAGE M R ,et al. Efficient black silicon solar cell with aden-sity-graded nanoporous surface:optical properties, performance limitations, and design rules［J］. Applied Physics Letters,2009,95(12):123501.

［37］ ZHONG S,LIU B,XIA Y,et al. Influence of the texturing structure on the properties of black silicon solar cell［J］. Solar Energy Materials and Solar Cells,2013,108:200-204.

第 7 章　总结与展望

7.1　总结

在本书中,我们着重研究了基于 MACE 方法的硅基纳微米复合结构制备、硅基纳微米复合结构的有效钝化以及钝化后的光电性能研究,在以上基础上,分别研究了硅基纳微米复合结构在单晶和多晶硅高效太阳电池上的应用,通过对电池光学增益和电学复合损失的平衡,最终实现了太阳电池在效率上的实质性提升。具体研究内容总结和关键创新如下:

(1) ALD-Al_2O_3 钝化的硅基纳微米复合结构光电特性及高效太阳电池应用。我们利用原子层沉积的 ALD-Al_2O_3 超强表面化学和场效应钝化作用,对 MACE 方法制备的硅基纳微米复合结构表面进行表面修饰和钝化,并对其实施后退火工艺处理,以激活 ALD-Al_2O_3 优异的表面钝化功能。对 ALD-Al_2O_3 钝化的硅基纳微米复合结构样品表面减反射性能和钝化后的少子寿命进行系统研究后发现:① 具有更细且更长纳米线的硅基纳微米复合结构具有更低的表面反射率;② 同时,对其进行 ALD-Al_2O_3 钝化后,具有更细且更长纳米线的硅基纳微米复合结构具有更高的少子寿命,这是一种反常的电学特性。出现少子寿命反常增加的原因是,虽然硅纳米线变长,但同时也在变细,而 ALD-Al_2O_3 薄膜对更细纳米线的场效应钝化效果更强,再加上微米金字塔表面积的减小,这些形貌上的变化和场效应钝化的综合作用最终导致了复合结构少子寿命的反常增加。正是由于这一反常电学特性,我们同时实现了最低的光学减反(1.38%,光谱加权积分)和最低的表面复合速率(44.72 cm/s)。基于 ALD-Al_2O_3 钝化的硅基纳微米复合结构的优异光学增益和少子寿命反常增加特性,我们设计了 n 型大面积单晶硅基纳微米复合结构高效太阳电池,并模拟了这种结构太阳电池的输出性能。结果显示,最高能量转换效率可以达到 21.04%。

(2) SiO_2/SiN_x 叠层钝化的硅基纳微米复合结构高效太阳电池研究。为了实现太阳电池在宽光谱上的优良响应,我们设计并制备了一种新型单晶硅太阳电池结构,在电池的正面我们引入硅基纳微米复合结构,然后对电池的正面和背

面同时采用 SiO_2/SiN_x 叠层钝化结构,背面叠层钝化膜再经过激光开窗,最后基于丝网印刷技术,制备成单晶硅硅基纳微米复合结构背钝化太阳电池。我们分别对电池正面和背面的光、电学特性做了详细分析研究:正面硅基纳微米复合结构的光学增益和叠层钝化对短波段电学复合损失的控制,使得电池短波外量子效率 EQE 得到明显提升;背面叠层钝化膜的优异的长波内背反射的提高和背表面复合速率的抑制,使得电池长波段的外量子效率 EQE 得到大幅提升;再加上本来就表现优异的中波段量子效率,最终实现了单晶硅基纳微米复合结构背钝化太阳电池在宽波段上的优异光谱响应,并同传统单晶硅太阳电池的光谱响应做了比较。基于光谱响应的改善,我们在 156 mm×156 mm 大面积上获得了单晶硅基纳微米复合结构背钝化太阳电池 20.0% 的高能量转换效率,其中开路电压达到 0.653 V,短路电流密度高达 39.0 mA/cm² (短路电流为 9.484 A)。

(3) 硅基纳微米复合结构在多晶硅太阳电池中的应用。在多晶硅基纳微米复合结构制备中,我们比较了一步法 MACE 和两步法 MACE 刻蚀对形貌以及 PL 谱的影响,我们发现一步法 MACE 制备的硅纳米线形貌更光滑、缺陷更少 (PL 发光谱可以证实)而且步骤更简单。因此,我们采用比两步法更简单、步骤更少的一步法银辅助化学刻蚀技术,生长了表面形貌更光滑的多晶硅基纳微米复合结构。通过对多晶硅基纳微米复合结构的光电特性研究,我们发现随着表面积增强因子 β 值的增大,表面反射率逐渐降低,尤其是在短波段和长波段更为明显。在电学特性方面,表面复合、俄歇复合和 SRH 复合均会随着表面积增强因子 β 值的增大而增加,这为我们控制电池的电学性能方面提供了有益的方向指南。因此,在器件制备时,我们需要同时考虑光学增益和电学复合损失,在这两者之间做出小心的权衡。最后发现,500 s 系列的硅基纳微米复合结构太阳电池相比参考电池,既有一定程度的光学增益,电学复合损失又不是太大。基于此,我们在大面积的 156 mm×156 mm 多晶硅片上,制备出了最高效率为 17.63%、平均效率为 17.57% 的纳微米复合结构太阳电池,这个效率超越了常规酸制绒多晶太阳电池的效率(17.45%)。这种纳微米结构太阳电池效率对常规电池效率上的超越在国内外尚属首次报道。

7.2　未来展望

硅基纳微米复合结构在晶硅太阳电池器件应用中,既保证了一定程度的光学增益,又展示出了它在电学损失控制方面的优势,所以电池器件的光谱响应和输出性能均得到有效提升。同时我们也看到,硅基纳微米复合结构在高效太阳电池的进一步应用中,仍有巨大的潜力可以挖掘,主要包含如下几个方面:

（1）进一步控制 MACE 硅基纳微米复合结构的电学损失。虽然在控制电学损失方面已经有了很多措施，但是从电池的性能来看，并不能完全令人满意，进一步需要改进的措施主要集中在：均匀、有序、可控性高的纳米结构形貌的进一步优化；实施强有力的表面钝化措施，原子层沉积的 ALD-Al_2O_3 薄膜在将来的高效太阳电池应用中潜力巨大；对电池的整体工艺进行配合优化，如发射极方阻的提高以降低硅基纳微米复合结构的俄歇复合、改进正面电极接触工艺以降低漏电电流等。

（2）MACE 硅基纳微米复合结构在 n 型电池器件中应用，特别是同 ALD-Al_2O_3 结合中，我们的研究结果已经显示出非常好的光学和电学性能，在可靠的参数设置下，模拟得到的效率非常高。但是，在器件制备方面，文献中未见报道。我们认为，基于 MACE 刻蚀技术的 n 型单晶或者多晶硅基纳微米复合结构同 ALD-Al_2O_3 强场效应钝化的结合，将在晶硅高效太阳电池研究和大规模商业化生产中具备很强的竞争力。

（3）硅基纳微米复合结构同其他高效太阳电池的结合。我们将硅基纳微米复合结构与背钝化（PERC）太阳电池结构结合，结果已经显示出硅基纳微米复合结构在电池正面的陷光优势，并取得了光谱响应提高。更进一步，将这种结构同其他高效晶硅太阳电池结构结合，也可以形成优势互补，例如，同 IBC 背接触太阳电池结合，正面的硅基纳微米复合结构不需要扩散，大大降低了俄歇复合，这样可以最大限度地发挥复合结构的陷光优势，在电池效率上的大幅提升是可以预期的。

（4）寻找其他新型纳米结构。尽管硅基纳微米复合结构在对电池短波段光谱响应实现一定程度的提升，但是这种提升幅度有限，而且需要进行精细的光电平衡才能实现。因此，寻找一种新型纳米结构替代也是一种可行的途径，例如纳米倒金字塔结构，它既可以实现差不多等量的陷光性能，又在载流子输运和复合方面拥有很大的优势，这种结构在未来的新型纳米绒面研究方面具有广阔的前景。